长三角地区农村建筑节能改造技术集成手册

杨 帆 范旭红 袁爱国 主编

人民交通出版社股份有限公司
China Communications Press Co.,Ltd.

图书在版编目(CIP)数据

长三角地区农村建筑节能改造技术集成手册 / 杨帆,范旭红,袁爱国主编. — 北京 : 人民交通出版社股份有限公司, 2018.12

ISBN 978-7-114-14647-3

Ⅰ.①长… Ⅱ.①杨… ②范… ③袁… Ⅲ.①长江三角洲—农村住宅—节能—技术改造—手册 Ⅳ.①TU241.4-62

中国版本图书馆 CIP 数据核字(2018)第 064266 号

书　　名:长三角地区农村建筑节能改造技术集成手册
著 作 者:杨　帆　范旭红　袁爱国
责任编辑:李　瑞
责任校对:刘　芹
责任印制:张　凯
出版发行:人民交通出版社股份有限公司
地　　址:(100011)北京市朝阳区安定门外外馆斜街 3 号
网　　址:http://www.ccpress.com.cn
销售电话:(010)59757973
总 经 销:人民交通出版社股份有限公司发行部
经　　销:各地新华书店
印　　刷:北京盈盛恒通印刷有限公司
开　　本:720×960　1/16
印　　张:12.5
字　　数:213 千
版　　次:2018 年 12 月　第 1 版
印　　次:2018 年 12 月　第 1 次印刷
书　　号:ISBN 978-7-114-14647-3
定　　价:50.00 元

本书编写人员

主　　编：杨　帆　范旭红　袁爱国

参编人员：刘　洋　王　军　华　实　王卫龙　李　晓　陈兴雷　眭　斌

王　春　李　青　殷玉来　袁明洋　刘　祥　徐　靖　张兆昌

陈　飞　倪　林　李艳蓉　李业骏　卢　凡

前　言

FOREWORD

1987 年世界环境发展委员会(WCED)在《我们共同的未来》中明确了可持续发展的定义,即"既满足当代需求,同时又不损及后代子孙满足基本生活需求的发展"。作为"基本生活需求"的重要载体,建筑在可持续发展的宏观战略背景下被赋予了多重内涵。"在当代需求的驱动下,主动式电子设备大规模应用所带来的建筑能耗增量及环境持续恶化问题"是建筑可持续发展亟须解决的技术难题。随着建筑行业的不断发展,生态建筑、低能耗建筑、低碳建筑、绿色建筑等新兴建筑形式从不同视角为城市建筑提供了这一问题的解决方案。

"先城市后农村"是建设部提出的建筑可持续发展工作策略,在城市建筑可持续发展工作初见成效后,随着《中华人民共和国国民经济和社会发展第十二个五年规划纲要》《中华人民共和国国民经济和社会发展第十三个五年规划纲要》的出台，惠及我国70%人口的"新农村建设""美丽乡村建设"工作被提上了日程，它标志着建筑可持续发展正在迎来农村时刻。

2010年，国务院正式批准实施的《长江三角洲地区区域规划》将长三角地区的范围确定为江浙沪。2014年，《国务院关于依托黄金水道推动长江经济带发展的指导意见》首次将安徽纳入到长三角地区一体化发展规划。2016年，国务院批准的《长江三角洲城市群发展规划》将长三角地区城市群明确为上海，江苏省南京、无锡、常州、苏州、南通、盐城、扬州、镇江、泰州，浙江省杭州、宁波、嘉兴、湖州、绍兴、金华、舟山、台州，安徽省合肥、芜湖、马鞍山、铜陵、安庆、滁州、池州、宣城等26市。按照《民用建筑热工设计规范》(GB 50176—2016)，上述26市同属夏热冬冷地区，建筑热工区划相同，减少了手册编制的工作量，也明确了手册的应用推广范围。

长三角地区区域经济发达，城市的区域经济的辐射带动能力强，这导致"曾经在城市建筑可持续发展道路上所经历且正在缓解的城市病"正在该区域的农村蔓延，"需求的城市化"与"供给的农村化"间的矛盾是其主要症结。一方面，在城市生活习惯的感染下，农户对"宜居"的主观需求正显著提高；另一方面，当前农房的规划、设计、建造、管理水平对农户的主观需求无法形成有效的技术呼应。"城市病"导致农房能耗急剧增加、农村环境持续恶化，国家的可持续发展战略宏大格局正在遭受破坏。

我国农村地域辽阔、人口众多，农房受历史传统文化影响深远，农村发展和农房建设道路上的国外经验很难套用。系统性开展适宜于我国农村人居环境规划理论、建设设计标准、施工方法的研究并率先建成一批设施配套完善，生态环境优美，产业特色明显，社会安定和谐，宜居、宜业、宜游的美丽乡村模板已成当务之急。

按照国家建筑节能三步走的布局，长三角地区的城市新建建筑已基本实现65%节能率的战略目标，考虑到城乡差异，农房的建筑节能目标制定应采用“缓一步”的策略。考虑到现有技术条件及长三角地区经济水平现状，本手册将农房节能率设计值定为50%，目标值定为65%。

农房热工性能提升不能背离“新农村建设”“美丽乡村建设”的宗旨，当城市建筑材料介入时，如何避免“建村如城”、减轻城市材料给乡土特色带来的“视觉冲突”也是本手册需要讨论的问题。

手册编制过程中得到了许多专家、学者的支持与帮助，在此谨向他们致以最真挚的感谢！由于编者水平和经验有限，如有不妥与不足之处，恳请广大读者批评指正。

作　者

2018.8

目　录

CONTENTS

0 绪　论

在“新农村建设”“美丽乡村建设”过程中,以农房性能评价为依据,理清农房性能提升的关键环节、薄弱环节,充分发挥农村地区环境优势,集中力量、对症下药,制定具有前瞻性、经济适应性的建设目标和建设程序,对减轻当前农村建设工作中财政持续“输血”的不利局面具有重大意义。

房屋性能评价源于20世纪60年代,随西方发达国家的建筑工业化浪潮而兴起。由于房屋建造水平、建筑环境、民生关注的不同,各国的住宅性能评价内容不尽相同。法国的“住宅性能评定制度Q”包括电气设备、配管、制冷、室内噪声、室外噪声、采暖和供热水费用、屋面和外装修的维修费用等7项指标。英国的“住宅品质评价系统HQI”涵盖地点、室外空间、视觉效果、景观、布局、交通与道路、室内布局、室内采光、声控制、配套设备、可持续性、入口可达性、外部环境等内容。美国的“房屋质量标准HQS”关注空间安全和配置、卫生器具、室内热环境、厨房空间大小和垃圾处理、材料和结构、电力和照明、供水系统、室内气环境、门禁系统、含铅涂料、卫生状况、周边环境、烟雾探测器等13个方面。日本的“住宅性能表示制度”涉及结构安全性、耐久性、防火性、日常维护、隔热保温、空气质量、采光、隔音、高龄者生活适应性等29个子目标。我国的《住宅性能评定技术标准》(GB/T 50362—2005)、《既有村镇住宅功能评价标准》(CECS 324:2012),分别针对城镇新建建筑、村镇房屋,开创了国内房屋性能评价规范化的先河,但在评价指标体系的完备性上仍存在一定的提升空间。

笔者曾在长三角地区农房性能实地调研的基础上,通过对国内外已成文标准条文的分析、拆解、再组合,设计了一套以安全性、功能性、舒适性、乡土性为子目标的农房性能评价指标体系,并用于该地区的农房性能评价。其评价结论表明:长三角地区农房的安全性水平参差不齐,农房改造前的安全性鉴定必不可少;农房的舒适性以热湿环境为薄弱项,以室内外风环境、光环境、空气品质为优势项;农房的乡土性受城市建筑风格影响严重。其中,农房热湿环境的被动提升是本手册的关注重点。

从村域规划角度,农房热湿环境与农房周边地形、朝向、间距及布局等因素相关;从建筑设计角度,体形系数、窗墙比以及功能房间布局是影响农房热湿环境的关键因素;从构件设计角度,外围护结构的热工性能是核心问题。对既有农房而言,规划与建筑设计已定型,在此情况下,既有农房节能改造的**唯一着力点**是外围护结构热工性能的提升。

我国农村地区的人口数量在8亿人左右,其中大约有80%的人口生活在基本烈度为Ⅵ度及以上的地震危险区,加之农村地区经济发展水平相对落后,防灾减灾意识相对淡薄,农房建设缺乏统一管理,施工队伍专业化程度低,地震作用下的农房结构安全性隐患严重。对农房外围护结构进行性能升级时,新增材料荷载和施工扰动可能加重农房的地震危险性,**农房改造前应进行必要的安全性鉴定**。长三角地区农房多采用砌体结构形式,少量土、木结构房屋或经功能性修复后作为历史景观保留,无性能提升需求,或在上一轮农村危房整治过程中已拆除,故安全性鉴定的工作对象为砌体结构。

现行《建筑抗震鉴定标准》(GB 50023)中根据建筑的后续使用年限将砌体结构分成三类,分别是后续使用年限为30年的A类砌体,采用A类抗震鉴定方法鉴定;后续使用年限为40年的B类砌体,采用B类抗震鉴定方法鉴定;后续使用年限为50年的C类砌体结构,按《建筑抗震设计规范》(GB 50011—2010)要求鉴定。A类砌体抗震鉴定时又分为第一级鉴定、第二级鉴定,B类砌体抗震鉴定时又分为抗震措施鉴定、抗震承载力验算。除宏观判断外,上述鉴定过程中还需进行钢筋检查、材料强度检测、抗震能力指数计算等工作。若按此法,势必会加重新农村建设过程中的经济负担、人力负担,造成进度延迟,甚至使部分农户产生抵触情绪,不利于农村建设工作的开展。

参考《危险房屋鉴定标准》(JGJ125—2016)、《建筑抗震鉴定标准》(GB 50023—2009)、《建筑抗震设计规范》(GB 50011—2010)、《砌体结构设计规范》(GB 50003—2011)、《建筑地基基础设计规范》(GB 50003—2011)等规范条文,以农房损伤表象判断为依据制作的抗震鉴定普查表见附表0.1,可用以替代复杂的抗震鉴定程序。该表将农房安全性等级大致分为三类并作分类处理,一类为极端低分(低于60分或遇不合格项直接终止填表程序的),直接判定为不适宜改造或需加固后改造;二类为极端高分(A类砌体得分高于80分、B类砌体得分高于90分的),直接判定为适合改造;三类得分介于两者之间,不作定性判断,可重新交由《建筑抗震鉴定标准》(GB 50023—2009)进行评价。经部分农房安全性评价验证,由于房屋构件损伤具有一定的关联性,该方法可直接给出安全评定结论(极端高分和极端低分)的建筑占所调查农房的比例超过80%,这为大范围的村镇建筑地震安全性评价打下了坚实的理论基础。

除绪论中所讨论的农房性能评价方法和结构抗震安全性普查方法以外,本书共分为6章,分别从外墙、平屋面、坡屋面、门窗、新能源利用、示范村建设六个方面论述农房节能改造的关键技术。

附表 0.1 砌体结构抗震鉴定普查表

砌体结构抗震鉴定普查表

附表 0.1

<table>
<tr><td colspan="4">A 类(后续使用年限 30 年)□ B 类(后续使用年限 40 年)□</td></tr>
<tr><td colspan="4">1. 使用历史(总计 10 分)</td></tr>
<tr><td rowspan="5">使用历史
(总分 10 分)</td><td>结构拆改</td><td colspan="2">□无,2 分 □有,0 分</td></tr>
<tr><td>加层改造</td><td colspan="2">□无,2 分 □有,0 分</td></tr>
<tr><td>修缮加固</td><td colspan="2">□无,2 分 □有,0 分</td></tr>
<tr><td>历史灾害</td><td colspan="2">□无,2 分 □有,0 分</td></tr>
<tr><td>功能变更</td><td colspan="2">□无,2 分 □有,0 分</td></tr>
<tr><td colspan="4">说明:使用历史是评价房屋历史应力扰动的最直观方法,可采用问询形式完成。针对农村地区主要考虑人为扰动和自然扰动。人为扰动包括结构拆改、加层改造、功能变更,自然扰动主要指历史灾害。另外,由于农户并无太强的防灾意识,凡经农户自行修缮加固的农房一般前期都存在可见的结构安全性问题,故也列入使用历史评分项目之中</td></tr>
<tr><td colspan="4">2. 场地、地基和基础(总计 30 分)</td></tr>
<tr><td rowspan="2">地形描述
(总分 10 分)</td><td colspan="3">□开阔、平坦地段,10 分</td></tr>
<tr><td colspan="3">□临河,0 分 □山顶,0 分 □临坡,0 分 □次生灾害易发地段,不合格</td></tr>
<tr><td rowspan="4">地基基础
(总分 20 分)</td><td rowspan="2">不均匀沉降</td><td>①外墙窗洞口出现八字形裂缝</td><td>□无,5 分 □轻微,0 分 □严重,不合格 注:占比达 5% 为严重</td></tr>
<tr><td>②房屋倾斜角</td><td>□无,5 分 □轻微,0 分 □严重,不合格 注:倾斜角 4‰为严重</td></tr>
<tr><td>整体沉降</td><td>建筑周边地面有无裂缝</td><td>□无,5 分 □轻微,0 分 □严重,不合格 注:裂缝宽度达 1mm 为严重</td></tr>
<tr><td>沉降发展</td><td>是否存在裂缝发展的趋势</td><td>□否,5 分 □轻微,0 分 □严重,不合格 注:裂缝发展速度达 0.5mm/月为严重</td></tr>
</table>

续上表

说明：场地地形打分项主要依据《建筑抗震设计规范》(GB 50011—2010)中对抗震有利地段、不利地段、危险地段的描述。为安全起见，当遇次生灾害易发地段时，直接终止填表，判定为不合格。地基沉降是地基及基础出现承载力或变形问题的直观表象。从对上部结构的影响而言，不均匀沉降的危险性大于整体沉降，故前者分值应高于后者。当出现不均匀沉降时，若地基变形曲线呈马鞍形，外墙窗洞口常出现八字形裂缝；若地基变形曲线为直线形，则表现为整体倾斜。当出现八字形裂缝、整体倾斜过大，甚至已经接近《危险房屋鉴定标准》(JGJ 125—2016)限值要求时，应直接终止填表，判定为不合格。房屋整体沉降时所引起室外地面的错动会造成室外地面开裂，可通过观察地面裂缝进行判断。另外，裂缝发展是房屋结构状态持续恶化的主要表征，普查表中予以体现		
3. 上部结构(总计 55 分)		
高度(H)层数(N)(总分 4 分)	普通砖实心墙	□$H < 16$m 且 $N < 5$ 层，4 分　□16m $< H < 19$m 且 5 层 $< N < 6$ 层，2 分 □$H > 19$m 且 $N < 6$ 层，0 分　□$N > 6$ 层，不合格
	混凝土小砌块	□$H < 16$m 且 $N < 5$ 层，4 分　□16m $< H < 19$m 且 5 层 $< N < 6$ 层，2 分 □$H > 19$m 且 $N < 6$ 层，0 分　□$N > 6$ 层，不合格
	混凝土中砌块	□$H < 13$m 且 $N < 4$ 层，4 分　□13m $< H < 16$m 且 4 层 $< N < 5$ 层，2 分 □$H > 16$m 且 $N < 5$ 层，0 分　□$N > 6$ 层，不合格
开间(总分 2 分)	□开间 > 4.2m，房间比例小于 40%，2 分　□开间 > 4.2m，房间比例大于 40%，0 分	
建筑体型(总分 4 分)	□$H/B < 2.2$，4 分　□$2.2 < H/B < 3$，0 分　□$H/B > 3$，不合格　　注：本项中 H 为建筑高度，B 为建筑平面短边长度	
规则性(总分 6 分)	平面形式	□双轴对称，2 分　□其他，0 分
	立面变化	□无高低层，2 分　□有高低层且层数差大于或等于 2，不合格　□其他，1 分
	楼板变化	□同层楼板均在同一水平面，2 分　□同层楼板高差明显且大于 500mm，不合格　□其他，1 分

续上表

墙体（总分15分）	构件现状	空鼓、酥碱现象:□无,2分 □轻微,1分 □严重,0分 注:占比达10%即为严重
	尺寸及布局	墙体布置在平面内是否闭合:□是,2分 □否,不合格
		承重窗间墙的宽度:□<1.0m,不合格 □>1.0m且<1.5m,0分 □>1.5m,2分
		外墙尽端至门窗洞边的距离:□<0.8m,不合格 □>0.8m且<1.2m,0分 □>1.6m,2分
		烟道、风道、垃圾道等是否对墙体造成了削弱:□无,2分 □有,0分
		承重墙交接处竖向裂缝(包括墙柱交接):□无,1分 □有,0分 □严重,不合格 注:裂缝宽度大于1mm为严重
		承重墙交接处斜向裂缝(包括墙柱交接):□无,3分 □有,不合格
	构件连接	墙与板交接处水平裂缝(包括墙板交接):□无,1分 □有,0分 □严重,不合格 注:裂缝宽度大于1mm为严重
构造柱（总分10分）	构件现状	柱及节点有无少量微小开裂或局部剥落:□无,1分 □有,0分
		柱内部钢筋有无明显的露筋、锈蚀:□无,1分 □有,不合格
		柱有无明显变形、倾斜或歪扭:□无,1分 □有,不合格
	构件布置	外墙四角:□有,2分 □无,0分
		超过6m的洞口两侧:□有或无大洞口,1分 □有大洞且无构造柱,0分
		开间超过4.8m的房间内外墙处:□有或无大房间,1分 □有大房间且无构造柱,0分
		楼梯间四角:□有或建筑层数不超过3层,1分 □层数大于3层且无构造柱0分
	构件连接	柱与梁连接处有无竖向裂缝:□无,1分 □有,0分 □严重,不合格 注:裂缝宽度大于1mm为严重
		柱与板连接处有无水平裂缝:□无,1分 □有,0分 □严重,不合格 注:裂缝宽度大于1mm为严重
圈梁（总分8分）	构件现状	梁及节点有无少量微小开裂或局部剥落:□无,1分 □有,0分
		梁内部钢筋有无明显的露筋、锈蚀:□无,1分 □有,0分

续上表

圈梁 (总分8分)	构件现状	梁有无明显变形、倾斜或歪扭:□无,1分 □有,0分
	构件布置	圈梁水平间距:□>8m,0分 □<8m,3分
	构件连接	圈梁底部竖向裂缝:□无,1分 □有,0分 □严重,不合格 注:裂缝宽度大于1mm为严重
		梁与板连接处有无裂缝:□无,1分 □有,0分 □严重,不合格 注:裂缝宽度大于1mm为严重
楼屋盖布置及构造 (总分6分)	支撑及形式	□现浇板,4分 □预制板,0分 □预制板且梁上支撑长度小于80mm或墙上支撑长度小于100mm,不合格
	楼盖现状	楼屋盖与墙体交接处裂缝:□无,2分 □有,0分 □严重,不合格 注:裂缝宽度大于1mm为严重
说明:《砌体结构设计规范》(GB 50003—2011)中对抗震要求的砌体房屋的高度和层数有严格的限制,长三角地区地震危险性以Ⅶ度区居多,故制表时应更多地关注Ⅶ度限值。对农村地区而言,建筑高度一般在10m以下,建筑层数一般在3层以内,远远低于规范限值,设置此评分项的目的是为了体现农村砌体房屋相较城市砌体房屋的主要优势。在规范中,房屋高度和层数限值与横隔墙间距相关,影响因素耦合不利于简表的制作,故将横隔墙间距单独列项(对砌体房屋而言,横隔墙间距一般即为开间)。建筑高宽比与抗侧向力安全性系数相关,高度越大可能遭受的地震底部剪力越大、宽度越小整体抗侧向力能力越低,故列入评价指标之中。结构规则性是建筑宏观抗震水平的重要体现,且在《建筑抗震设计规范》(GB 50011—2010)占据较大篇幅,故列入评价指标之中。墙体判断分为构件状态、尺寸及布局、构件连接三个部分。其中构件状态由空鼓、酥碱表象判断。尺寸及布局主要考虑墙体闭合、门窗洞口削弱等情况。承重墙连接处出现竖向裂缝可以认为是纯连接问题,是因拉结筋或点焊钢筋网片设置不到位所致;斜向裂缝出现则可认定为墙体的抗剪能力出现问题。当墙板处抗裂措施设置不到位、楼板搭接长度不符合要求时,在墙板连接处则可能出现水平裂缝。构造柱、圈梁、现浇楼板是确保砌体房屋实现大震不倒的重要构件,在汶川地震Ⅸ度、Ⅹ度烈度区内仍然屹立的砌体房屋中,无一例外地都设置了这三类构件。因此,普查表中将这三类构件均单独列项,且给予了较高分值,主要考察点为构件现状、构件布置和构件连接三部分内容。		
4.附属构件连接及构造(5分)		
附属构件 (总分5分)	出屋面的楼梯间、电梯间和水箱间等高度:□超过层高,0分 □不超过层高,3分	
	出入口或人流通道处的女儿墙和门脸等装饰物有无锚固:□无,0分 □有,2分	

注:表中"不合格"意味着终止填表,并严格按照《建筑抗震鉴定标准》(GB 50023—2009)鉴定合格或加固后合格方可进行改造,得分低于60分时直接判定为不合格;A类砌体得分高于80分时、B类砌体得分高于90分时,可直接判定为合格。

1 外墙外保温改造

1.1 概述

随着建筑节能技术的发展,由外墙基层材料与保温材料叠合而成的复合外墙正逐步兴起。按保温层和外墙基层的相对位置,复合外墙分为内保温、夹心保温和外保温三种形式。按保温材料的形态,复合外墙可分为喷涂保温和型材(板材)保温两种。

喷涂保温材料由于受涂料层厚度的限制,除非采用具有自保温功能的基层墙体,一般很难达到50%节能率要求,当以50%或更高节能率为房屋性能提升目标时,建议采用型材保温方式。夹心保温俗称“两层皮”,内外层墙体之间拉结和支撑问题提升了其工艺难度,施工质量难以控制,不建议新建农房采用。当待改造农房同时具有加固需求时,可尝试采用夹心保温方式将外墙加固工程和节能改造工程合并完成。

外墙外保温技术起源于20世纪40年代的瑞典和德国,至今已有60多年的历史。与内保温相比,外墙外保温材料包覆在主体结构外侧,能够有效地保护建筑主体结构,减少结构性热桥,维持室内热稳定性,且不侵占建筑使用空间,施工方便,综合造价低。随着国家节能标准的不断提高,外保温材料也在同步发展,应用面不断扩大,并得到主管部门、专家、开发商及住户的认可,已成为我国墙体保温的主导技术。

1.2 保温材料的选择

本手册遴选了12种市场上常见且保温性能、防火性能良好的保温材料，书中编号如表1.1所示，其材料性能参数见附表1.1。保温材料性能参数收集过程中得到了来自江苏晨鸣新材料科技有限公司、南京依科国特新材料科技有限公司、浙江振申绝热科技股份有限公司等厂商的鼎力支持，在此表示感谢。

保温材料名称及代号　　表1.1

序号	名　称	书中代号	性能参数
1	CM石墨复合保温板	QC	见附表1.1
2	EPS膨胀聚苯板	QE	见附表1.1
3	复合保温材料板(无机轻集料珍珠岩)	QF	见附表1.1
4	KK无机不燃保温板	QK	见附表1.1
5	纳米微孔硅酸盐气凝土防火保温板材	QN	见附表1.1
6	泡沫玻璃保温板	QP	见附表1.1
7	岩棉外墙外保温板	QR	见附表1.1
8	SM石墨聚苯板	QS	见附表1.1
9	无机轻集料酚醛泡沫板Ⅱ型	QW	见附表1.1
10	XPS挤塑聚苯板	QX	见附表1.1
11	硬泡聚氨酯防水保温复合板	QY	见附表1.1
12	ZES泡沫玻璃装饰一体板	QZ	见附表1.1

注：表中Q是指墙体保温材料。

1.3 相关规范解读

农房性能指标参数以江苏、浙江、上海、安徽四个地区，按50%节能率、65%节能率标准设计的居住建筑节能标准为参考，标准名称及在书中的统一编号见表1.2，标准解读及对比见表1.3～表1.6。

与城市建筑不同，农房往往以3层及3层以下为主，规范中关于建筑层数对建筑热工指标的影响不再讨论。由于农房构造简单、功能房间分割清晰，也考虑到农房细化施工的不便，本手册不再讨论规范中关于底面接触室外空气的架空板或外挑楼板、与非封闭式楼梯间的隔墙，分隔采暖空调居住空间与封闭式非采暖空调空间的楼板、隔墙等细节问题。

本手册参考规范列表及编号

表1.2

规范名称	书中编号
《江苏省居住建筑热环境与节能设计标准》(DGJ32J 71—2008)	J-50
《江苏省居住建筑热环境与节能设计标准》(DGJ32J 71—2014)	J-65
《浙江省居住建筑节能设计标准》(DB 33/1015—2003)	Z-50
《浙江省居住建筑节能设计标准》(DB 33/1015—2015)	Z-65
《住宅建筑节能设计标准》(DG/T 08-205—2000)	S-50
《上海市工程建设规范居住建筑节能设计标准》(DGJ 08-205—2000/J 10044—2015)	S-65
《安徽省居住建筑节能设计标准》(DB 34/754—2007)	A-50
《安徽省居住建筑节能设计标准》(DB 34/1466—2011)	A-65

表1.3中,J-50表示江苏省50%节能率的设计标准,J-65表示江苏省65%节能率的设计标准。J-65在J-50基础上修编而来,保留了原被动建筑内容,新增了主动建筑的内容,体形系数、窗墙比限值要求没有改变。J-50的墙体传热系数指标与热惰性D、朝向、太阳辐射吸收系数ρ等因素相关,J-65进行了一定的简化,直接按最不利朝向和最不利太阳辐射吸收系数取值。

江苏省住宅 J-50 与 J-65 标准对比(外墙) 表1.3

<table>
<tr><td colspan="2" rowspan="2">主要指标</td><td colspan="4">规范代号</td></tr>
<tr><td colspan="2">J-50</td><td colspan="2">J-65</td></tr>
<tr><td colspan="2">体形系数限值</td><td colspan="2">0.55</td><td colspan="2">0.55</td></tr>
<tr><td colspan="2" rowspan="2">窗墙比限值</td><td>限值</td><td>朝向</td><td>限值</td><td>朝向</td></tr>
<tr><td>0.45</td><td></td><td>0.45</td><td></td></tr>
<tr><td colspan="2" rowspan="2">外墙传热系数[W/(m²·K)]</td><td colspan="2">J-50</td><td colspan="2">J-65</td></tr>
<tr><td>$D\leqslant2.5$</td><td>$D>2.5$</td><td>$D\leqslant2.5$</td><td>$D>2.5$</td></tr>
<tr><td rowspan="4">朝向</td><td>南</td><td rowspan="4">1.25</td><td>1.00</td><td rowspan="4">0.8</td><td rowspan="4">1</td></tr>
<tr><td>东西($\rho\geqslant0.6$)</td><td>1.25</td></tr>
<tr><td>东西($\rho<0.6$)</td><td>1.00</td></tr>
<tr><td>北</td><td>1.00</td></tr>
</table>

Z-50是浙江省在《夏热冬冷地区居住建筑节能设计标准》(JGJ 134—2001)的基础上修正得到的,无体形系数限值,窗墙比限值很大,且与建筑朝向有关(见表1.4),其外墙热工性能指标弱于江苏标准,外墙传热系数指标仅与墙体热惰性相关。在Z-50基础之上修订而来的Z-65,在体形系数限值和窗墙比限值上参考了江苏标准的相关规定,外墙传热系数指标与体形系数、位置、热惰性等因素相关。

浙江省住宅 Z-50 与 Z-65 标准对比(外墙)　　表 1.4

主要指标		规范代号				
		Z-50		Z-65		
体形系数限值				0.55		
窗墙比限值		限值	朝向	限值		朝向
		0.70	南	0.45		
外墙传热系数[W/(m^2·K)]		Z-50		Z-65		
		D≥2.5	D≥3.0	D≤2.5	(2.5,3]	D>3
体形系数≤0.4	北区	1	1.5	1.0	1.2	1.5
	南区			1.2	1.5	1.8
体形系数>0.4	北区			0.8	1.0	1.2
	南区			1.0	1.2	1.5

与 S-50 相比,S-65 主要针对建筑围护结构的传热系数、围护结构热工性能综合判断、用能设备的性能参数、电气照明和积水专业节能设计等内容作了调整和增加,优化调整了标准附录中反射隔热涂料、外窗传热系数计算、建筑材料热物理性能计算参数及常用保温材料热工计算参数。S-50 无体形系数限制,但南向窗墙比限值极严,仅为 0.35,外墙传热系数指标不受其他因素控制,且明显弱于江苏、浙江规范。S-65 中体形系数限值与江苏、浙江标准统一,但南向窗墙比限值宽松,外墙传热系数指标较 S-50 有大幅提升(表 1.5)。

上海市住宅 S-50 与 S-65 标准对比(外墙)

表 1.5

主要指标	规范代号			
	S-50		S-65	
体形系数限值			0.55	
窗墙比限值	限值	朝向	限值	朝向
	0.35	南	0.50	
外墙传热系数[W/(m^2·K)]	S-50		S-65	
	1.5		0.8	

A-50 制定的基础仍是《夏热冬冷地区居住建筑节能设计标准》(JGJ 134—2001),对体形系数和窗墙比限值要求与 S-65 相同,外墙传热系数指标仅与热惰性相关。A-65 中体形系数限值及窗墙比限值未变,外墙传热系数指标直接按热惰性的最不利情况规定并与体形系数相关(表 1.6)。

安徽省住宅 A-50 与 A-65 标准对比(外墙)

表 1.6

主要指标	规范代号			
	A-50		A-65	
体形系数限值	0.55		0.55	
窗墙比限值	限值	朝向	限值	朝向
	0.50	南	0.45	南
外墙传热系数 W/(m^2·K)	A-50		A-65	
	$D \geq 2.5$	$D \geq 3.0$		
体形系数≤0.4	1.0	1.5	1.5	
体形系数>0.4			1.0	

1.4 材料厚度选择

目前,长三角地区农房体形系数、窗墙比超过当地标准限值的情况较多。前者因农房建筑高度、层数、独栋特性所致,后者则与设计时片面追求室内采光效果有关。在调查范围内,极端情况下农房的体形系数可以达到0.68,窗墙比可以达到0.55。当体形系数和窗墙比超标时,设计者如果利用标准中规定性热工指标估算保温材料厚度,其权衡计算的结果则可能无法满足相应的节能率要求。利用能耗模拟软件DEST,分别以四个地区规范中窗墙比、体形系数限值建立基本工况模型,通过调整窗墙比、体形系数形成9组工况模型,考虑地区间气象条件的差异,分析对比可得到窗墙比、体形系数超标情况下的能耗增幅,模拟结果见表1.7~表1.13。

窗墙比、体形系数超标时的能耗增量(J-50) 表1.7

执行节能标准:50%			
窗墙比	体形系数		
	0.550	0.615	0.680
0.45	1.000	1.133	1.266
0.50	1.026	1.166	1.305
0.55	1.053	1.199	1.344

表 1.8

窗墙比、体形系数超标时的能耗增量(J-65)

执行节能标准:65%			
窗墙比	体形系数		
	0.550	0.615	0.680
0.45	1.000	1.128	1.254
0.50	1.031	1.165	1.302
0.55	1.062	1.201	1.345

表 1.9

窗墙比、体形系数超标时的能耗增量(Z-65)

执行节能标准:65%			
窗墙比	体形系数		
	0.550	0.615	0.680
0.450	1.000	1.106	1.254
0.500	1.023	1.132	1.285
0.550	1.049	1.163	1.317

窗墙比、体形系数超标时的能耗增量(S-50)

表 1.10

执行节能标准:50%			
窗墙比	体形系数		
	0.55	0.62	0.68
0.35	1.000	1.118	1.234
0.45	1.023	1.150	1.280
0.55	1.051	1.187	1.338

窗墙比、体形系数超标时的能耗增量(S-65)

表 1.11

执行节能标准:65%			
窗墙比	体形系数		
	0.55	0.62	0.68
0.50	1.000	1.092	1.188
0.53	1.011	1.108	1.216
0.55	1.019	1.119	1.229

窗墙比、体形系数超标时的能耗增量(A-50)

表 1.12

执行节能标准:50%			
窗墙比	体形系数		
	0.55	0.62	0.68
0.5	1.000	1.145	1.289
0.53	1.012	1.166	1.312
0.55	1.023	1.178	1.326

窗墙比、体形系数超标时的能耗增量(A-65)

表 1.13

执行节能标准:65%			
窗墙比	体形系数		
	0.55	0.62	0.68
0.45	1.000	1.117	1.230
0.50	1.022	1.143	1.261
0.55	1.048	1.170	1.292

考虑窗墙比、体形系数超标状况,按上述表中系数对标准中墙体传热系数指标进行调整,扣除基层墙体热阻值,由材料导热系数反算可得到保温材料厚度,见附表 1.2。农房基层墙体分 190mm 厚多孔砖、240mm 厚多孔砖、190mm 厚混凝土砌块、240mm 普通砖四种工况,保护层、抹灰层热阻不计。

1.5 施工工艺及节点要求

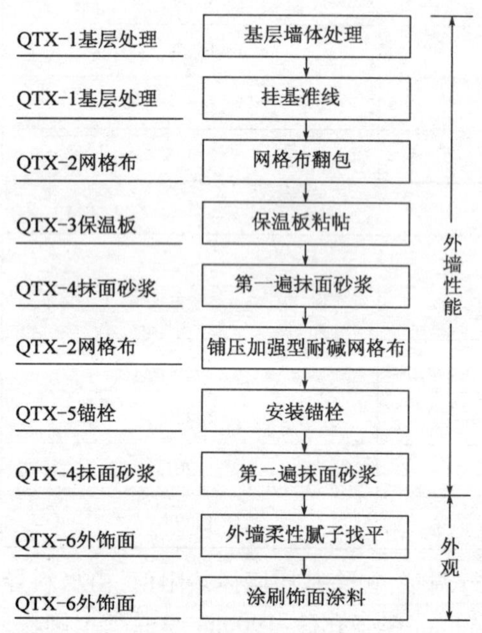

图1.1 外墙外保温涂料饰面系统施工工艺流程

1.5.1 外墙外保温涂料饰面系统

外墙外保温涂料饰面系统的施工工艺流程如图1.1所示。图中,工序代号“QTX”中的“Q”代表墙体,“T”代表涂料,“X”为系统,外墙保温构造图详见附录A的A.1。

基层处理及准备 QTX-1

(1)在外墙阳角、阴角等部位挂垂直基准线,并在各楼层适当位置弹水平基准线。

(2)胶黏剂干混料与水的质量配合比为1:0.22,并应在砂浆搅拌机中(先加水后加料)搅拌3~5min,静置5~10min后再次搅拌方可使用。已调配浆料应避免太阳直射,并在规定时间内使用。

网格布处理 QTX-2

(1)保温板侧边的外露处(门窗洞口、墙根、近屋檐等边缘部位)应做网格布翻包处理,翻包网宽度不应小于“100mm+保温板厚度 d+100mm”。采用胶黏剂将附加翻包网格布的一边(约100mm)粘贴在基层墙体上,另一边甩出待用。网格布翻包详见附录A的A.1。

(2)门窗外侧洞口四周的网格布按45°方向加贴300mm×400mm小块网格布加强。洞口外侧四周阳角应采用网布进行翻包,长度不小于150mm,并应与墙面的网格布搭接。洞口网格布加强详见附录A的A.1。

(3)网格布的铺设应平整,尤其是阴阳角网布的铺设,并应保持阴阳角的方正和垂直度,网布的上下、左右之间均应有搭接,其搭接宽度不应小于100mm;网格布不得直接干铺设在保温板表面,不得外露,不得干搭接。阴阳角处网格布可采用L形或双L形搭接,构造详见附录A的A.2。

保温板粘贴 QTX-3

保温板铺贴前应先清理表面浮灰,粘贴板可采用点框法或条粘法:对于墙面凹凸较大的,宜采用点粘法;对于墙面平整度好的,宜采用条粘法施工。

(1)点框法注意事项

点框法布胶面积不应小于50%,采用抹子在保温板面四周涂抹宽度不小于80mm、厚度不小于5mm的胶黏剂,并在中部均匀涂抹直径不小于200mm厚度不小于5mm的胶黏剂。板边应留排气口,其宽度不应小于50mm。

(2)条粘法注意事项

条粘法布胶面积不应小于50%,保温板背面满涂胶黏剂后使用专用的带齿抹子,并应保持抹子和板面呈45°~60°角,紧贴保温板面移动,批刮成胶浆条状。抹子齿形为10mm×20mm,齿间距为20mm。

(3)通用工序

①粘贴保温板施工时应从下往上,在粘贴第一排保温板时应在下口部位安装托架。

②涂抹好胶黏剂后应及时将保温板贴于墙面。

③粘贴时应均匀挤压保温板,并应将该板从侧面推压向前一块板,板与板之间拼接应自然靠拢,保温板侧边严禁沾有胶黏剂。

④保温板应沿水平方向横向铺贴,且上下两排保温板错缝铺贴,错缝宜为1/2板长,详见附录A的A.3。板与板之间的接缝缝隙不应大于2.5mm,高差不应大于1mm对大于2.5mm的板缝应采用相应厚度的保温板或发泡保温材料填充。

⑤现场裁切保温板宜采用密齿手锯、壁纸刀,裁切的板边平直度应符合要求。

⑥在墙面转角处,应先排尺寸,再裁切保温板,使其垂直交错连接,并保证墙角垂直度。

⑦在粘贴窗框四周的阳角和外墙阳角时，应先弹基准线，门窗洞口四角部位的保温板不得拼接铺贴，应采用整块保温板裁成“L”形进行铺贴，且接缝距洞口四角距离不应小于200mm，详见附录A的A.3。

⑧局部不规则处粘贴保温板可现场裁切，切口与板面应垂直。墙面边角处保温板的短边尺寸不应小于300mm。

抹面砂浆 QTX-4

(1)抹面砂浆应按规定在现场拌制，抹面砂浆与水的质量配合比宜为1:0.22，采用砂浆搅拌机(先加水后加料)搅拌3~5min至均匀，并静置5~10min后再次搅拌方可使用。搅拌好的浆料应避免太阳直射，并应在规定时间内使用。

(2)抹面砂浆施工控制要求。

保温板大面积铺贴施工结束，应养护3d后再进行抹面砂浆施工。施工前应用2m靠尺在保温板平面上检查平整度，板的拼缝高差不应大于1.5mm，拼缝高差大于1.5mm时应采用砂纸或专用打磨机将凸出部位打磨平整，打磨后应清除表面漂浮颗粒和灰尘，方可进行抹面砂浆施工。抹面砂浆施工时，应在檐口、窗台、窗楣、雨篷、阳台、压顶以及凸出墙面的顶面做出坡度，底面应做出滴水槽或滴水线。锚栓应先安装于保温板上，再进行抹面层施工，抹面砂浆抹平后，应趁湿压入网布，待胶浆稍硬至可以触碰时方可抹第二遍抹面砂浆，抹面层厚度应为3~5mm。

锚栓安装 QTX-5

锚栓孔宜设置在板的角缝处，宜采用电锤钻孔，钻孔深度应大于锚栓长度10mm、钻孔孔径应与锚栓膨胀管直径相匹配。每平方米锚栓的个数不少于4个，深入基层50mm且进入墙体深度应达总长度的1/3。锚栓安装示意详见附录A的A.4。

外饰面处理 QTX-6

(1)分格缝的做法。

设置凸型分格缝时应在已粘贴好的保温板上弹线标明分格缝位置，再粘贴加工好的保温板凸型装饰线条，线条表面应与系统抹面层施工同步进行。

设置凹型分格缝时应采用专用刀具在已粘贴的保温板上割出凹槽，凹槽中涂抹面砂浆，并应压入附加标准型耐碱涂覆网格布，且凹槽两边应与抹面层网布搭接，附加网布的搭接宽度不应小于100mm。

(2)涂料饰面施工应在抹面层施工完成7d后进行,抹面层上应采用外墙柔性腻子找平后刷涂料,不得采用普通的刚性腻子取代外墙柔性腻子。

1.5.2 外墙外保温面砖饰面系统

外墙外保温改造后宜优先选用涂料饰面,若确需采用面砖或其他挂面饰面,应充分考虑保温材料的压折比、黏结强度、耐候稳定性、外保温抗震和抗风能力。表1.1中的12种墙体保温材料均可采用涂料饰面系统,其中5种可用于面砖饰面系统,其饰面层适用情况见表1.14,表中工序代号“QMX”是指墙体面砖饰面系统。

保温材料饰面系统的适用性

表1.14

序　号	保温材料代号	QTX	QMX
1	QC	是	是
2	QE	是	是
3	QF	是	否
4	QK	是	是
5	QN	是	是
6	QP	是	否
7	QR	是	否
8	QS	是	否
9	QW	是	否
10	QX	是	是
11	QY	是	否
12	QZ	是	否

面砖饰面系统做法与涂料饰面系统相比,工艺差异主要体现在以下几个方面:

(1)采用面砖饰面系统时,宜选用腹丝非穿透型和腹丝穿透型单面钢丝网架保温板作保温层,保护层为抗裂水泥砂浆裹覆钢丝网片构成。

(2)采用面砖饰面系统时,可选用普通保温板作保温层,但保护层应采用与基层墙体锚固的镀锌钢丝网片加强。

(3)采用点框法时,布胶面积不应小于60%,采用抹子在保温板面四周涂抹宽度不小于100mm、厚度不小于5mm的条状胶黏剂,中间涂抹的胶黏剂直径不小于220mm,厚度不小于5mm的点状胶黏剂。板边应留排气口,其宽度不应小于50mm。

(4)采用条粘法时,布胶面积不应小于60%,抹子齿形为10mm×10mm,齿间距为10mm。

(5)抹面砂浆施工完毕后,应养护14d,方可进行面砖饰面层施工。

(6)应采用面砖柔性胶黏剂和柔性面砖填缝剂,严禁采用普通水泥砂浆粘贴面砖或填缝,也不得在现场对面砖胶黏剂和填缝剂任意加水泥、砂、水或其他填充料。面砖之间应留缝,缝宽应在5~8mm之间,填缝应在面砖粘贴后其黏结强度达到设计要求并不应少于7d后进行。

1.6 外墙保温的外观融合

1.6.1 外墙系统的外观现状

1)饰面材料

饰面材料是决定外墙质感的关键要素,长三角地区农房饰面材料主要分为水泥砂浆(素饰面)、墙体裸露(无饰面)、挂面材料(即1.5.2中的面砖饰面系统)、外墙涂料(即1.5.1中的涂料饰面系统)四种,见图1.2。

a)水泥砂浆

b)墙体裸露

c)挂面材料

d)外墙涂料

图 1.2　外墙材料种类

水泥砂浆是由水泥、细集料和水，根据特定配合比调制而成的混合物，一般用于块状砌体材料的黏合剂或室内外抹灰；裸露墙体不仅作为承重结构负责结构安全，还需兼具外墙外观功能，主要以青砖和以黏土、页岩、煤矸石或粉煤灰为原料，经成型和高温焙烧而制得烧结砖；挂面材料主要包括经天然石材切割、打磨而成的大理石，耐火的金属氧化物及半金属氧化物经由研磨、混合、压制、施釉、烧结而成的瓷砖。

外墙涂料用于涂刷建筑外立面，具有较强的抗紫外线照射能力、防水能力和自涤能力的水灰调和剂，鉴于其经济性好、施工方便，是目前长三角地区农房外墙饰面的主要形式。由于直接暴露于外界环境，外墙涂料还需具有一定的保色、耐污染、耐老化能力以及良好的附着力和抗冻融性。按装饰质感分类，外墙涂料又可分为薄质涂料、厚质涂料、复层花纹涂料、彩砂涂料等。

2)外墙颜色

在建筑外观设计中外墙色彩设计起着重要作用，设计师运用色彩艺术的魅力可实现具有创造性视觉效果。色彩设计是利用我们熟知的美学理论结合从古至今的色彩搭配理念形成的一种科学合理的色彩设计处理手法。长三角地区农房的外墙主色彩包括白色、青色、灰色、黄色、红色，见图1.3。

白色作为常见的建筑色彩，应注意保持与周围环境的匹配度，与周围环境的强烈色彩对比可能会降低村落的整体协调性，但同时也可凸显周边自然风景，从建筑美学的角度看它是一把双刃剑，设计时应强调“度”的选择；青色是中国特有的一种颜色，在中国古代社会中具有极其重要的意义，象征着坚强、希望、古朴和庄重；灰色表示高雅、简素、简朴，代表寂寞、冷淡、固执，使人有现实感；黄色是中国古代皇族的象征，气魄宏伟、外表华丽，能充分体现权势和威严，给人高贵、奢华的感觉并预示着财运亨通；红色是中国古代的吉祥色，寓意着吉祥如意，好运当头。

3)外墙点缀

外墙点缀主要包括外墙的装饰线条、小品和建筑图案等，见图1.4。外墙装饰线条常常兼顾保护墙体饰面的作用，如建筑

a)白色

b)青色

c)灰色

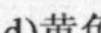

d)黄色

e)红色

图 1.3　外墙颜色种类

表面引条线可有效防止涂料饰面因热胀冷缩引起的分散性裂纹；外墙小品是指贴附或钉挂于外墙表面的，起点缀、装饰和美化作用的小型构配件；建筑图案主要用于反映那些“无法用建筑构件表达”的村落历史、文化、艺术，图案涂料的附着力、保色性、自涤性是其关键指标。

a)外墙装饰线条

b)外墙小品

c)建筑图案

图 1.4　外墙点缀种类

外墙装饰线条可采用涂料线条、石材线条、陶瓷线条、玻璃线条和金属线条等。其中，涂料线条工期短、维修方便、经济性好；陶瓷线条坚固耐用，色彩鲜艳；石材线条效果好，耐久，但造价较高；玻璃线条具有调节光线、增加美感等优点，但在强烈日照下易形成光污染；金属线条综合经济效益最高，但需注意与墙体整体色彩的统一。

我国历史悠久、文化发源早，在原始社会时期，我们的祖先就已经开始将简单的图案使用于生活用品之中，这也是建筑图案的雏形。经过历史长期演化，我国传统建筑图案形成了多种风格和类型，总的来说主要包括：植物建筑图案，如花中四君子，运用时会被赋予高尚品格的象征；动物建筑图案，一种是生活中的动物图样，如长寿龟、报喜雀、比翼鸳鸯等，另一种是神话中的动物图样，来自于人们的想象，像龙、凤、麒麟等；人物建筑图案，一般是人们想象中的人物，是神话故事的反映；文字和几何图形建筑图案，是一种通过象征吉祥的文字和几何图形相结合的独特方式加以展现的图案。

4）外墙绿化

外墙绿化是在建筑墙体、围墙、桥柱、阳台、窗台等处进行垂面式绿化，具有一定的节地意义，同时植被的覆盖对建筑外墙的保温性能也大有裨益。与传统的平面绿化相比，墙面绿化有巨大的发展空间，它是人们在绿化概念上从二维空间向三维空间的一次思维飞跃，也必将成为未来绿化的一种新趋势。目前工程中可见的墙面绿化形式主要包括六类，分别是模块式、铺贴式、攀爬或垂吊式、摆花式、布袋式、板槽式。

①模块式的主要特点是利用模块化构件种植植物。将方块形、菱形、圆形等几何单体构件，通过合理搭接或绑缚固定在不锈钢或木质等骨架上，形成各种景观效果。模块式墙面绿化，可以按模块中的植物和植物图案预先栽培养护数月后进行安装，寿命较长，适用于大面积的高难度的墙面绿化。

②铺贴式的主要特点是在墙面直接铺贴植物生长基质或模块，形成一个墙面种植平面系统。它可以将植物在墙体上自由设计或进行图案组合，无须附加钢架，可通过自来水和雨水浇灌，建造成本低。

③攀爬或垂吊式即在墙面种植攀爬或垂吊的藤本植物，如种植爬山虎、络石、常春藤、扶芳藤、绿萝等。这类绿化形式简便易行、造价较低、透光透气性好。

④摆花式通过在不锈钢、钢筋混凝土或其他材料等做成的垂面架中安装盆花实现垂面绿化。这种墙面绿化方式与模块化相似，是一种“缩微”的模块，安装拆卸方便。选用的植物以花为主，适用于临时墙面绿化或垂直花坛造景。

⑤布袋式是在铺贴式墙面绿化系统基础上发展起来的一种工艺系统。首先在做好防水处理的墙面上直接铺设软性植物生长载体，如毛毡、椰丝纤维、无纺布等，然后在这些载体上缝制装填有植物生长及基材的布袋，最后在布袋内种植植物，实现墙面绿化。

⑥板槽式即在墙面上按一定的距离安装 V 形板槽，在板槽内填装轻质的种植基质，再在基质上种植各种植物。

笔者通过实地调查走访,对长三角地区农房的外墙材料、点缀、色彩、绿化等关键信息进行了统计(图1.5～图1.8)。其结果表明,长三角地区农房外饰面以涂料和挂面材料为主,外墙颜色以白、灰色为主,大部分外墙包含各式点缀,尚未发现墙体绿化。

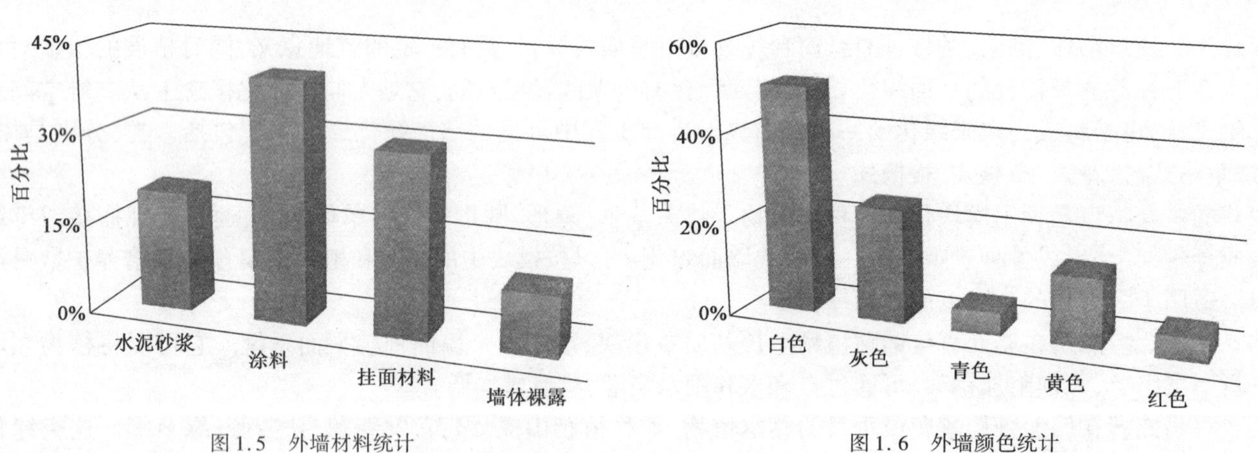

图1.5　外墙材料统计

图1.6　外墙颜色统计

1.6.2　保温系统与外墙外观复原

裸露墙体外加保温层必然引起建筑立面外观的改变,基本无法复原;砂浆饰面作为早期城市建筑技术的产物,与农村整体环境本不协调,无复原需求;涂料饰面对保温材料的力学性能要求低,市面上常见的保温材料一般都可以采用涂料饰面,复原难度低;因挂面饰面的挂面材料自重不可忽略,相比涂料饰面,保温材料的压折比、黏结强度、耐候稳定性、抗震、抗风能力要求更高,可选材料范围将缩减,复原难度高于涂料饰面。

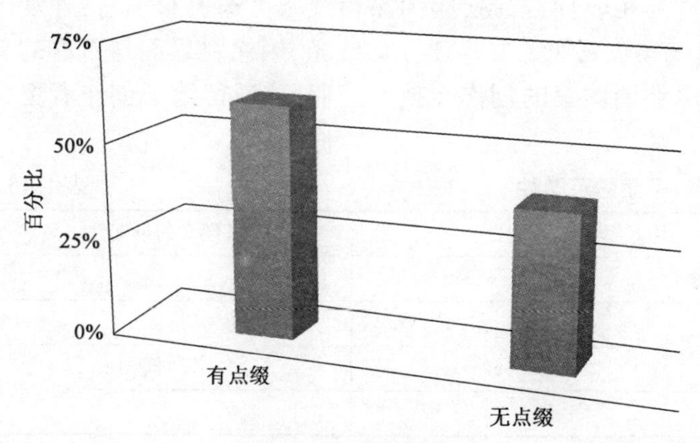

图 1.7　外墙点缀统计

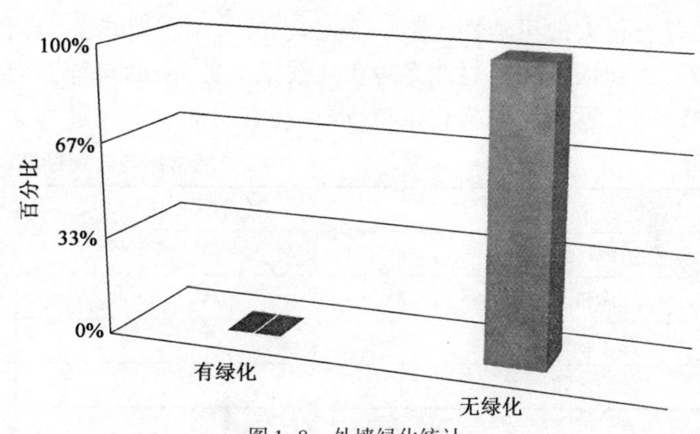

图 1.8　外墙绿化统计

表 1.14 罗列了 12 种外墙保温材料的外墙饰面可选做法,其中可选用于挂面饰面的保温材料种类锐减至 5 种,且工艺难度和造价均有所提升。造价提升的主因有三个:一是因采用钢丝网架或镀锌钢丝替代原耐碱网格布的材料而使价格提升;二是因工序烦琐造成的工期延长和人工费用提升;三是因置换原挂面材料所产生的费用。

裸露墙体的颜色、线条及图案已成定势,很难改变。砂浆饰面本无复原需求,若确需对其进行色彩、线条和图案调整时,可采用涂料饰面和挂面饰面重做面层即可,其外观的可塑性很强。

长三角地区农房外墙常见的白色、青色、灰色、黄色、红色,涂料生产厂家均可直接提供,挂面饰面亦是如此。《建筑颜色的表示方法》(GB/T 18922—2008)规定了标准的颜色。它是建筑行业专用色卡,共 1026 色,适用于建筑设计、建筑材料、建筑装饰以及建筑监理等建筑领域,是建筑色彩选择、管理、交流和传递的标准色彩工具,可在工程中直接选用,颜色的复原难度较低、可塑性强。

涂料饰面建议采用涂料线条还原建筑装饰线条,一是,因为材料的相容性;二是,因为涂料线条可选色彩丰富,外观还原难度低,且有很大的可塑性(表1.15)。也可采用陶瓷线条、玻璃线条和金属线条等轻质立体线条,因涂料界面与石材的界面黏结问题,不建议使用石材线条等重质线条。此外,涂料饰面对农房外墙图案的创作无技术障碍,这就留给了创作者更大想象和发挥空间,通过墙面文化维持,可提高农房的乡土气息和文化内涵。

外墙材料与外墙颜色、线条、图案的可塑性

表1.15

外墙材料	颜色的可塑性	线条的可塑性	图案的可塑性
水泥砂浆	强	强	强
涂料	高	高	高
挂面材料	高	低	低
外墙裸露	无	无	无

挂面材料的尺寸有限,大面积饰面时不能避免因材料拼接形成的自然线条,通过改变挂面材料尺寸和拼接方式,原有建筑线条可以复原,但很难提升。若采用石材线条、陶瓷线条、玻璃线条和金属线条进行装饰时,可考虑嵌缝装饰。此外,挂面饰面对农房外墙的图案创作存在较大限制,一是由于拼接缝形成的自然线条对新绘图案存在视觉干扰;二是由于瓷砖等光面挂面材料不能为图案涂料提供持久、可靠的附着力。对挂面饰面进行艺术创作的最好途径是跳色拼接,通过不同于主色调的挂面材料的排列设计形成简单的像素化图案,但这类图案的艺术想象空间小,不适宜于复杂的历史、文化主题。

附表1.1 保温材料主要性能

保温材料主要性能 附表1.1

性能项目	单位	指标					
		QC	QE	QF	QK	QN	QP
表观密度	kg/m^3	130~150	15~20	≤250	≤300	≤300	161~180
导热系数	W/(m·K)	≤0.05	≤0.038	≤0.06	≤0.06	≤0.06	≤0.062
水蒸气渗透系数	ng/(Pa·m·s)	符合设计要求	≤4.5	符合设计要求	符合设计要求	符合设计要求	≤0.05
抗拉强度	MPa	≥0.20	≥0.25	≥0.1	≥0.15	≥0.05	≥0.45
抗压强度	MPa	≥0.15	≥0.02	≥1.0	≥0.5	≥0.8	≥0.60
尺寸稳定性	%	≤3	≤0.25	—	≤0.8	≤0.2	≤0.3
吸水率	%	≤3	≤3.5	≤15	≤10	≤5	≤0.5
燃烧性能		A2	B2	A1级	A1级	A级	A1级
性能项目	单位	指标					
		QR	QS	QW	QX	QY	QZ
表观密度	kg/m^3	≥140	18~22	97	30~40	≥35	110×(1±8%)
导热系数	W/(m·K)	≤0.04	≤0.032	≤0.045	≤0.030	≤0.024	≤0.040
水蒸气渗透系数	ng/(Pa·m·s)	符合设计要求	≤4.5	—	1.2~3.5	—	≤0.007
抗拉强度	MPa	≥0.01	—	—	≥0.20	≥0.15	≥0.05
抗压强度	MPa	≥0.04	≥0.1	—	≥0.1	≥0.20	≥0.35
尺寸稳定性	%	—	<0.3	—	70℃±2℃,≤1.5	—	<0.2
吸水率	%	≤1.0	≤4	—	—	≤1.0	≤0.5
燃烧性能		A级	B1级	B级	B2级	≥B2	A1级

附表 1.2　不同标准规定性指标取值并考虑窗墙比、体形系数超标修正的墙体保温材料厚度参考值

按 J-50 规定性指标取值并考虑窗墙比、体形系数超标修正的保温材料厚度参考值(多孔砖)　　附表 1.2.1

节能水平及规定性指标限值			50%, $R_i=0.11$, $R_e=0.04$, $\sum R=0.85$																	
原外墙基层材料及热阻($m^2 \cdot K/W$)			多孔砖 190mm, $R=0.221$									多孔砖 240mm, $R=0.279$								
体形系数			0.55	0.62	0.68	0.55	0.62	0.68	0.55	0.62	0.68	0.55	0.62	0.68	0.55	0.62	0.68	0.55	0.62	0.68
窗墙比			0.45			0.5			0.55			0.45			0.5			0.55		
规定性指标增幅			1	1.13	1.27	1.03	1.17	1.31	1.05	1.2	1.34	1	1.13	1.27	1.03	1.17	1.31	1.05	1.2	1.34
序号	保温材料代号	导热系数[W/(m·K)]	保温材料厚度(mm)选择																	
1	QC	0.050	31	36	40	32	37	41	33	38	42	29	32	36	29	33	37	30	34	38
2	QE	0.038	24	27	30	25	28	31	25	29	32	22	25	28	22	25	28	23	26	29
3	QF	0.060	38	43	48	39	44	49	40	45	51	34	39	44	35	40	45	36	41	46
4	QK	0.060	38	43	48	39	44	49	40	45	51	34	39	44	35	40	45	36	41	46
5	QN	0.060	38	43	48	39	44	49	40	45	51	34	39	44	35	40	45	36	41	46
6	QP	0.062	39	44	50	40	46	51	41	47	52	35	40	45	36	41	46	37	42	47
7	QR	0.040	25	28	32	26	29	33	26	30	34	23	26	29	24	27	30	24	27	31
8	QS	0.032	20	23	26	21	24	26	21	24	27	18	21	23	19	21	24	19	22	24
9	QW	0.045	28	32	36	29	33	37	30	34	38	26	29	33	26	30	34	27	31	34
10	QX	0.030	19	21	24	19	22	25	20	23	25	17	19	22	18	20	22	18	21	23
11	QY	0.024	15	17	19	16	18	20	16	18	20	14	15	17	14	16	18	14	16	18
12	QZ	0.040	25	28	32	26	29	33	26	30	34	23	26	29	24	27	30	24	27	31

按 J-50 规定性指标取值并考虑窗墙比、体形系数超标修正的保温材料厚度参考值(混凝土砌块、普通砖)　　附表 1.2.2

节能水平及规定性指标限值			50%, $R_i=0.11$, $R_e=0.04$, $\sum R=0.85$																	
原外墙基层材料及热阻($m^2 \cdot K/W$)			混凝土砌块 190mm, $R=0.186$									普通砖 240mm, $R=0.48$								
体形系数			0.55	0.62	0.68	0.55	0.62	0.68	0.55	0.62	0.68	0.55	0.62	0.68	0.55	0.62	0.68	0.55	0.62	0.68
窗墙比			0.45			0.5			0.55			0.45			0.5			0.55		
规定性指标增幅			1	1.13	1.27	1.03	1.17	1.31	1.05	1.2	1.34	1	1.13	1.27	1.03	1.17	1.31	1.05	1.2	1.34
序号	保温材料代号	导热系数[W/(m·K)]	保温材料厚度(mm)选择																	
1	QC	0.050	33	38	42	34	39	43	35	40	44	19	21	23	19	22	24	19	22	25
2	QE	0.038	25	29	32	26	30	33	26	30	34	14	16	18	14	16	18	15	17	19
3	QF	0.060	40	45	51	41	47	52	42	48	53	22	25	28	23	26	29	23	27	30
4	QK	0.060	40	45	51	41	47	52	42	48	53	22	25	28	23	26	29	23	27	30
5	QN	0.060	40	45	51	41	47	52	42	48	53	22	25	28	23	26	29	23	27	30
6	QP	0.062	41	47	52	42	48	54	43	49	55	23	26	29	24	27	30	24	28	31
7	QR	0.040	27	30	34	27	31	35	28	32	36	15	17	19	15	17	19	16	18	20
8	QS	0.032	21	24	27	22	25	28	22	25	28	12	13	15	12	14	16	12	14	16
9	QW	0.045	30	34	38	31	35	39	31	36	40	17	19	21	17	19	22	17	20	22
10	QX	0.030	20	23	25	21	23	26	21	24	27	11	13	14	11	13	15	12	13	15
11	QY	0.024	16	18	20	16	19	21	17	19	21	9	10	11	9	10	12	9	11	12
12	QZ	0.040	27	30	34	27	31	35	28	32	36	15	17	19	15	17	19	16	18	20

按 J-65 规定性指标取值并考虑窗墙比、体形系数超标修正的保温材料厚度参考值(多孔砖) 附表 1.2.3

节能水平及规定性指标限值			65%, $R_i=0.11$, $R_e=0.04$, $\sum R=1.1$																	
原外墙基层材料及热阻($m^2\cdot K/W$)			多孔砖 190mm, $R=0.221$									多孔砖 240mm, $R=0.279$								
体形系数			0.55	0.62	0.68	0.55	0.62	0.68	0.55	0.62	0.68	0.55	0.62	0.68	0.55	0.62	0.68	0.55	0.62	0.68
窗墙比			0.45			0.5			0.55			0.45			0.5			0.55		
规定性指标增幅			1	1.13	1.25	1.03	1.17	1.3	1.06	1.2	1.34	1	1.13	1.25	1.03	1.17	1.3	1.06	1.2	1.34
序号	保温材料代号	导热系数[W/(m·K)]	保温材料厚度(mm)选择																	
1	QC	0.050	44	50	55	45	51	57	47	53	59	41	46	51	42	48	53	44	49	55
2	QE	0.038	33	38	42	34	39	43	35	40	45	31	35	39	32	37	41	33	37	42
3	QF	0.060	53	60	66	54	62	69	56	63	71	49	56	62	51	58	64	52	59	66
4	QK	0.060	53	60	66	54	62	69	56	63	71	49	56	62	51	58	64	52	59	66
5	QN	0.060	53	60	66	54	62	69	56	63	71	49	56	62	51	58	64	52	59	66
6	QP	0.062	54	62	68	56	64	71	58	65	73	51	58	64	52	60	66	54	61	68
7	QR	0.040	35	40	44	36	41	46	37	42	47	33	37	41	34	38	43	35	39	44
8	QS	0.032	28	32	35	29	33	37	30	34	38	26	30	33	27	31	34	28	32	35
9	QW	0.045	40	45	49	41	46	51	42	47	53	37	42	46	38	43	48	39	44	50
10	QX	0.030	26	30	33	27	31	34	28	32	35	25	28	31	25	29	32	26	30	33
11	QY	0.024	21	24	26	22	25	27	22	25	28	20	22	25	20	23	26	21	24	26
12	QZ	0.040	35	40	44	36	41	46	37	42	47	33	37	41	34	38	43	35	39	44

按 J-65 规定性指标取值并考虑窗墙比、体形系数超标修正的保温材料厚度参考值(混凝土砌块、普通砖)　　附表 1.2.4

节能水平及规定性指标限值			65%, $R_i=0.11$, $R_e=0.04$, $\Sigma R=1.1$																	
原外墙基层材料及热阻($m^2\cdot K/W$)			混凝土砌块 190mm, $R=0.186$									普通砖 240mm, $R=0.48$								
体形系数			0.55	0.62	0.68	0.55	0.62	0.68	0.55	0.62	0.68	0.55	0.62	0.68	0.55	0.62	0.68	0.55	0.62	0.68
窗墙比			0.45			0.5			0.55			0.45			0.5			0.55		
规定性指标增幅			1	1.13	1.27	1.03	1.17	1.30	1.06	1.20	1.34	1	1.13	1.27	1.03	1.17	1.30	1.06	1.20	1.34
序号	保温材料代号	导热系数[W/(m·K)]	保温材料厚度(mm)选择																	
1	QC	0.050	46	52	57	47	53	59	48	55	61	31	35	39	32	36	40	33	37	42
2	QE	0.038	35	39	43	36	41	45	37	42	47	24	27	29	24	28	31	25	28	32
3	QF	0.060	55	62	69	56	64	71	58	66	73	37	42	47	38	44	48	39	45	50
4	QK	0.060	55	62	69	56	64	71	58	66	73	37	42	47	38	44	48	39	45	50
5	QN	0.060	55	62	69	56	64	71	58	66	73	37	42	47	38	44	48	39	45	50
6	QP	0.062	57	64	71	58	66	74	60	68	76	38	43	48	40	45	50	41	46	52
7	QR	0.040	37	41	46	38	43	48	39	44	49	25	28	31	26	29	32	26	30	33
8	QS	0.032	29	33	37	30	34	38	31	35	39	20	22	25	20	23	26	21	24	27
9	QW	0.045	41	46	51	42	48	53	44	49	55	28	32	35	29	33	36	30	33	37
10	QX	0.030	27	31	34	28	32	36	29	33	37	19	21	23	19	22	24	20	22	25
11	QY	0.024	22	25	27	23	26	29	23	26	29	15	17	19	15	17	19	16	18	20
12	QZ	0.040	37	41	46	38	43	48	39	44	49	25	28	31	26	29	32	26	30	33

按 Z-50 规定性指标取值并考虑窗墙比、体形系数超标修正的保温材料厚度参考值(多孔砖、混凝土砌块、普通砖)　　附表 1.2.5

节能水平及规定性指标限值			50%,$R_i=0.11$,$R_e=0.04$,$\sum R=0.85$											
原外墙基层材料及热阻($m^2\cdot K/W$)			多孔砖 190mm,$R=0.221$			多孔砖 240mm,$R=0.279$			混凝土砌块 190mm,$R=0.186$			普通砖 240mm,$R=0.48$		
体形系数			0.55	0.62	0.68	0.55	0.62	0.68	0.55	0.62	0.68	0.55	0.62	0.68
窗墙比			0.7											
规定性指标增幅			1	1.16	1.32	1	1.16	1.32	1	1.16	1.32	1	1.16	1.32
序号	保温材料代号	导热系数[W/(m·K)]	保温材料厚度(mm)选择											
1	QC	0.050	31	36	42	29	33	38	33	39	44	19	21	24
2	QE	0.038	24	28	32	22	25	29	25	29	33	14	16	19
3	QF	0.060	38	44	50	34	40	45	40	46	53	22	26	29
4	QK	0.060	38	44	50	34	40	45	40	46	53	22	26	29
5	QN	0.060	38	44	50	34	40	45	40	46	53	22	26	29
6	QP	0.062	39	45	51	35	41	47	41	48	54	23	27	30
7	QR	0.040	25	29	33	23	26	30	27	31	35	15	17	20
8	QS	0.032	20	23	27	18	21	24	21	25	28	12	14	16
9	QW	0.045	28	33	37	26	30	34	30	35	39	17	19	22
10	QX	0.030	19	22	25	17	20	23	20	23	26	11	13	15
11	QY	0.024	15	18	20	14	16	18	16	18	21	9	10	12
12	QZ	0.040	25	29	33	23	26	30	27	31	35	15	17	20

按 Z-65 规定性指标取值并考虑窗墙比、体形系数超标修正的保温材料厚度参考值(多孔砖)　　附表 1.2.6

节能水平及规定性指标限值			65%, $R_i=0.11$, $R_e=0.04$, $\Sigma R=0.85$																	
原外墙基层材料及热阻($m^2 \cdot K/W$)			多孔砖 190mm, $R=0.221$									多孔砖 240mm, $R=0.279$								
体形系数			0.55	0.62	0.68	0.55	0.62	0.68	0.55	0.62	0.68	0.55	0.62	0.68	0.55	0.62	0.68	0.55	0.62	0.68
窗墙比			0.7									0.7								
规定性指标增幅			1	1.11	1.25	1.02	1.13	1.29	1.05	1.16	1.32	1	1.11	1.25	1.02	1.13	1.29	1.05	1.16	1.32
序号	保温材料代号	导热系数[W/(m·K)]	保温材料厚度(mm)选择																	
1	QC	0.050	31	35	39	32	36	41	33	36	42	29	32	36	29	32	37	30	33	38
2	QE	0.038	24	27	30	24	27	31	25	28	32	22	24	27	22	25	28	23	25	29
3	QF	0.060	38	42	47	38	43	49	40	44	50	34	38	43	35	39	44	36	40	45
4	QK	0.060	38	42	47	38	43	49	40	44	50	34	38	43	35	39	44	36	40	45
5	QN	0.060	38	42	47	38	43	49	40	44	50	34	38	43	35	39	44	36	40	45
6	QP	0.062	39	43	49	40	44	50	41	45	51	35	39	44	36	40	46	37	41	47
7	QR	0.040	25	28	31	26	28	32	26	29	33	23	25	29	23	26	29	24	26	30
8	QS	0.032	20	22	25	21	23	26	21	23	27	18	20	23	19	21	24	19	21	24
9	QW	0.045	28	31	35	29	32	37	30	33	37	26	29	32	26	29	33	27	30	34
10	QX	0.030	19	21	24	19	21	24	20	22	25	17	19	21	17	19	22	18	20	23
11	QY	0.024	15	17	19	15	17	19	16	18	20	14	15	17	14	15	18	14	16	18
12	QZ	0.040	25	28	31	26	28	32	26	29	33	23	25	29	23	26	29	24	26	30

按 Z-65 规定性指标取值并考虑窗墙比、体形系数超标修正的保温材料厚度参考值(混凝土砌块、普通砖) 附表 1.2.7

节能水平及规定性指标限值			65%, $R_i=0.11$, $R_e=0.04$, $\sum R=0.85$																	
原外墙基层材料及热阻($m^2 \cdot K/W$)			混凝土砌块 190mm, $R=0.186$									普通砖 240mm, $R=0.48$								
体形系数			0.55	0.62	0.68	0.55	0.62	0.68	0.55	0.62	0.68	0.55	0.62	0.68	0.55	0.62	0.68	0.55	0.62	0.68
窗墙比			0.7									0.7								
规定性指标增幅			1	1.11	1.25	1.02	1.13	1.29	1.05	1.16	1.32	1	1.11	1.25	1.02	1.13	1.29	1.05	1.16	1.32
序号	保温材料代号	导热系数[W/(m·K)]	保温材料厚度(mm)选择																	
1	QC	0.050	33	37	42	34	38	43	35	39	44	19	21	23	19	21	24	19	21	24
2	QE	0.038	25	28	32	26	29	33	26	29	33	14	16	18	14	16	18	15	16	19
3	QF	0.060	40	44	50	41	45	51	42	46	53	22	25	28	23	25	29	23	26	29
4	QK	0.060	40	44	50	41	45	51	42	46	53	22	25	28	23	25	29	23	26	29
5	QN	0.060	40	44	50	41	45	51	42	46	53	22	25	28	23	25	29	23	26	29
6	QP	0.062	41	46	51	42	47	53	43	48	54	23	25	29	23	26	30	24	27	30
7	QR	0.040	27	29	33	27	30	34	28	31	35	15	16	19	15	17	19	16	17	20
8	QS	0.032	21	24	27	22	24	27	22	25	28	12	13	15	12	13	15	12	14	16
9	QW	0.045	30	33	37	30	34	39	31	35	39	17	18	21	17	19	21	17	19	22
10	QX	0.030	20	22	25	20	23	26	21	23	26	11	12	14	11	13	14	12	13	15
11	QY	0.024	16	18	20	16	18	21	17	18	21	9	10	11	9	10	11	9	10	12
12	QZ	0.040	27	29	33	27	30	34	28	31	35	15	16	19	15	17	19	16	17	20

按 S-50 规定性指标取值并考虑窗墙比、体形系数超标修正的保温材料厚度参考值(多孔砖) 附表 1.2.8

节能水平及规定性指标限值			50%, $R_i=0.11$, $R_e=0.04$, $\sum R=0.52$																	
原外墙基层材料及热阻(m² · K/W)			多孔砖 190mm, $R=0.221$									多孔砖 240mm, $R=0.279$								
体形系数			0.55	0.62	0.68	0.55	0.62	0.68	0.55	0.62	0.68	0.55	0.62	0.68	0.55	0.62	0.68	0.55	0.62	0.68
窗墙比			0.35			0.45			0.55			0.35			0.45			0.55		
规定性指标增幅			1	1.12	1.23	1.02	1.15	1.28	1.05	1.19	1.34	1	1.12	1.23	1.02	1.15	1.28	1.05	1.19	1.34
序号	保温材料代号	导热系数[W/(m · K)]	保温材料厚度(mm)选择																	
1	QC	0.050	15	17	18	15	17	19	16	18	20	12	13	15	12	14	15	13	14	16
2	QE	0.038	11	13	14	12	13	15	12	14	15	9	10	11	9	11	12	10	11	12
3	QF	0.060	18	20	22	18	21	23	19	21	24	14	16	18	15	17	19	15	17	19
4	QK	0.060	18	20	22	18	21	23	19	21	24	14	16	18	15	17	19	15	17	19
5	QN	0.060	18	20	22	18	21	23	19	21	24	14	16	18	15	17	19	15	17	19
6	QP	0.062	19	21	23	19	21	24	19	22	25	15	17	18	15	17	19	16	18	20
7	QR	0.040	12	13	15	12	14	15	13	14	16	10	11	12	10	11	12	10	11	13
8	QS	0.032	10	11	12	10	11	12	10	11	13	8	9	9	8	9	10	8	9	10
9	QW	0.045	13	15	17	14	15	17	14	16	18	11	12	13	11	12	14	11	13	15
10	QX	0.030	9	10	11	9	10	11	9	11	12	7	8	9	7	8	9	8	9	10
11	QY	0.024	7	8	9	7	8	9	8	9	10	6	6	7	6	7	7	6	7	8
12	QZ	0.040	12	13	15	12	14	15	13	14	16	10	11	12	10	11	12	10	11	13

按 S-50 规定性指标取值并考虑窗墙比、体形系数超标修正的保温材料厚度参考值(混凝土砌块、普通砖)　　附表 1.2.9

节能水平及规定性指标限值			50%, $R_i = 0.11, R_e = 0.04, \sum R = 0.52$																	
原外墙基层材料及热阻($m^2 \cdot K/W$)			混凝土砌块 190mm, $R = 0.186$									普通砖 240mm, $R = 0.48$								
体形系数			0.55	0.62	0.68	0.55	0.62	0.68	0.55	0.62	0.68	0.55	0.62	0.68	0.55	0.62	0.68	0.55	0.62	0.68
窗墙比			0.35			0.45			0.55			0.35			0.45			0.55		
规定性指标增幅			1	1.12	1.23	1.02	1.15	1.28	1.05	1.19	1.34	1	1.12	1.23	1.02	1.15	1.28	1.05	1.19	1.34
序号	保温材料代号	导热系数[W/(m·K)]	保温材料厚度(mm)选择																	
1	QC	0.050	17	19	21	17	19	21	18	20	22	2	2	2	2	2	3	2	2	3
2	QE	0.038	13	14	16	13	15	16	13	15	17	2	2	2	2	2	2	2	2	2
3	QF	0.060	20	22	25	20	23	26	21	24	27	2	3	3	2	3	3	3	3	3
4	QK	0.060	20	22	25	20	23	26	21	24	27	2	3	3	2	3	3	3	3	3
5	QN	0.060	20	22	25	20	23	26	21	24	27	2	3	3	2	3	3	3	3	3
6	QP	0.062	21	23	25	21	24	27	22	25	28	2	3	3	3	3	3	3	3	3
7	QR	0.040	13	15	16	14	15	17	14	16	18	2	2	2	2	2	2	2	2	2
8	QS	0.032	11	12	13	11	12	14	11	13	14	1	1	2	1	1	2	1	2	2
9	QW	0.045	15	17	18	15	17	19	16	18	20	2	2	2	2	2	2	2	2	2
10	QX	0.030	10	11	12	10	12	13	11	12	13	1	1	1	1	1	2	1	1	2
11	QY	0.024	8	9	10	8	9	10	8	10	11	1	1	1	1	1	1	1	1	1
12	QZ	0.040	13	15	16	14	15	17	14	16	18	2	2	2	2	2	2	2	2	2

按 S-65 规定性指标取值并考虑窗墙比、体形系数超标修正的保温材料厚度参考值(多孔砖) 附表 1.2.10

节能水平及规定性指标限值			$65\%, R_i = 0.11, R_e = 0.04, \sum R = 1.1$																	
原外墙基层材料及热阻($m^2 \cdot K/W$)			多孔砖 190mm, $R = 0.221$									多孔砖 240mm, $R = 0.279$								
体形系数			0.55	0.62	0.68	0.55	0.62	0.68	0.55	0.62	0.68	0.55	0.62	0.68	0.55	0.62	0.68	0.55	0.62	0.68
窗墙比			0.5			0.53			0.55			0.5			0.53			0.55		
规定性指标增幅			1	1.09	1.19	1.01	1.11	1.22	1.02	1.12	1.23	1	1.09	1.19	1.01	1.11	1.22	1.02	1.12	1.23
序号	保温材料代号	导热系数[W/(m·K)]	保温材料厚度(mm)选择																	
1	QC	0.050	44	48	52	44	49	54	45	49	54	41	45	49	41	46	50	42	46	50
2	QE	0.038	33	36	40	34	37	41	34	37	41	31	34	37	32	35	38	32	35	38
3	QF	0.060	53	57	63	53	59	64	54	59	65	49	54	59	50	55	60	50	55	61
4	QK	0.060	53	57	63	53	59	64	54	59	65	49	54	59	50	55	60	50	55	61
5	QN	0.060	53	57	63	53	59	64	54	59	65	49	54	59	50	55	60	50	55	61
6	QP	0.062	54	59	65	55	60	66	56	61	67	51	55	61	51	57	62	52	57	63
7	QR	0.040	35	38	42	36	39	43	36	39	43	33	36	39	33	36	40	33	37	40
8	QS	0.032	28	31	33	28	31	34	29	32	35	26	29	31	27	29	32	27	29	32
9	QW	0.045	40	43	47	40	44	48	40	44	49	37	40	44	37	41	45	38	41	45
10	QX	0.030	26	29	31	27	29	32	27	30	32	25	27	29	25	27	30	25	28	30
11	QY	0.024	21	23	25	21	23	26	22	24	26	20	21	23	20	22	24	20	22	24
12	QZ	0.040	35	38	42	36	39	43	36	39	43	33	36	39	33	36	40	33	37	40

按 S-65 规定性指标取值并考虑窗墙比、体形系数超标修正的保温材料厚度参考值(混凝土砌块、普通砖)　附表 1.2.11

节能水平及规定性指标限值			65%, $R_i=0.11$, $R_e=0.04$, $\Sigma R=1.1$																	
原外墙基层材料及热阻($m^2 \cdot K/W$)			混凝土砌块 190mm, $R=0.186$									普通砖 240mm, $R=0.48$								
体形系数			0.55	0.62	0.68	0.55	0.62	0.68	0.55	0.62	0.68	0.55	0.62	0.68	0.55	0.62	0.68	0.55	0.62	0.68
窗墙比			0.5			0.53			0.55			0.5			0.53			0.55		
规定性指标增幅			1	1.09	1.19	1.01	1.11	1.22	1.02	1.12	1.23	1	1.09	1.19	1.01	1.11	1.22	1.02	1.12	1.23
序号	保温材料代号	导热系数[W/(m·K)]	保温材料厚度(mm)选择																	
1	QC	0.050	46	50	54	46	51	56	47	51	56	31	34	37	31	34	38	32	35	38
2	QE	0.038	35	38	41	35	39	42	35	39	43	24	26	28	24	26	29	24	26	29
3	QF	0.060	55	60	65	55	61	67	56	61	67	37	41	44	38	41	45	38	42	46
4	QK	0.060	55	60	65	55	61	67	56	61	67	37	41	44	38	41	45	38	42	46
5	QN	0.060	55	60	65	55	61	67	56	61	67	37	41	44	38	41	45	38	42	46
6	QP	0.062	57	62	67	57	63	69	58	63	70	38	42	46	39	43	47	39	43	47
7	QR	0.040	37	40	44	37	41	45	37	41	45	25	27	30	25	28	30	25	28	31
8	QS	0.032	29	32	35	30	32	36	30	33	36	20	22	24	20	22	24	20	22	24
9	QW	0.045	41	45	49	42	46	50	42	46	51	28	30	33	28	31	34	28	31	34
10	QX	0.030	27	30	33	28	30	33	28	31	34	19	20	22	19	21	23	19	21	23
11	QY	0.024	22	24	26	22	24	27	22	25	27	15	16	18	15	17	18	15	17	18
12	QZ	0.040	37	40	44	37	41	45	37	41	45	25	27	30	25	28	30	25	28	31

按 A-50 规定性指标取值并考虑窗墙比、体形系数超标修正的保温材料厚度参考值(多孔砖) 附表 1.2.12

节能水平及规定性指标限值			$50\%, R_i=0.11, R_e=0.04, \sum R=0.85$																	
原外墙基层材料及热阻($m^2 \cdot K/W$)			多孔砖 190mm, $R=0.221$									多孔砖 240mm, $R=0.279$								
体形系数			0.55	0.62	0.68	0.55	0.62	0.68	0.55	0.62	0.68	0.55	0.62	0.68	0.55	0.62	0.68	0.55	0.62	0.68
窗墙比			0.5			0.53			0.55			0.5			0.53			0.55		
规定性指标增幅			1	1.14	1.29	1.01	1.17	1.31	1.02	1.18	1.33	1	1.14	1.29	1.01	1.17	1.31	1.02	1.18	1.33
序号	保温材料代号	导热系数[W/(m·K)]	保温材料厚度(mm)选择																	
1	QC	0.050	31	36	41	32	37	41	32	37	42	29	33	37	29	33	37	29	34	38
2	QE	0.038	24	27	31	24	28	31	24	28	32	22	25	28	22	25	28	22	26	29
3	QF	0.060	38	43	49	38	44	49	38	45	50	34	39	44	35	40	45	35	40	46
4	QK	0.060	38	43	49	38	44	49	38	45	50	34	39	44	35	40	45	35	40	46
5	QN	0.060	38	43	49	38	44	49	38	45	50	34	39	44	35	40	45	35	40	46
6	QP	0.062	39	44	50	39	46	51	40	46	52	35	40	46	36	41	46	36	42	47
7	QR	0.040	25	29	32	25	29	33	26	30	33	23	26	29	23	27	30	23	27	30
8	QS	0.032	20	23	26	20	24	26	21	24	27	18	21	24	18	21	24	19	22	24
9	QW	0.045	28	32	37	29	33	37	29	33	38	26	29	33	26	30	34	26	30	34
10	QX	0.030	19	22	24	19	22	25	19	22	25	17	20	22	17	20	22	17	20	23
11	QY	0.024	15	17	19	15	18	20	15	18	20	14	16	18	14	16	18	14	16	18
12	QZ	0.040	25	29	32	25	29	33	26	30	33	23	26	29	23	27	30	23	27	30

按 A-50 规定性指标取值并考虑窗墙比、体形系数超标修正的保温材料厚度参考值(混凝土砌块、普通砖)　附表 1.2.13

节能水平及规定性指标限值			50%, $R_i=0.11$, $R_e=0.04$, $\sum R=0.85$																	
原外墙基层材料及热阻($m^2 \cdot K/W$)			混凝土砌块 190mm, $R=0.186$									普通砖 240mm, $R=0.48$								
体形系数			0.55	0.62	0.68	0.55	0.62	0.68	0.55	0.62	0.68	0.55	0.62	0.68	0.55	0.62	0.68	0.55	0.62	0.68
窗墙比			0.5			0.53			0.55			0.5			0.53			0.55		
规定性指标增幅			1	1.14	1.29	1.01	1.17	1.31	1.02	1.18	1.33	1	1.14	1.29	1.01	1.17	1.31	1.02	1.18	1.33
序号	保温材料代号	导热系数[W/(m·K)]	保温材料厚度(mm)选择																	
1	QC	0.050	33	38	43	34	39	43	34	39	44	19	21	24	19	22	24	19	22	25
2	QE	0.038	25	29	33	25	30	33	26	30	34	14	16	18	14	16	18	14	17	19
3	QF	0.060	40	45	51	40	47	52	41	47	53	22	25	29	22	26	29	23	26	30
4	QK	0.060	40	45	51	40	47	52	41	47	53	22	25	29	22	26	29	23	26	30
5	QN	0.060	40	45	51	40	47	52	41	47	53	22	25	29	22	26	29	23	26	30
6	QP	0.062	41	47	53	42	48	54	42	49	55	23	26	30	23	27	30	23	27	31
7	QR	0.040	27	30	34	27	31	35	27	31	35	15	17	19	15	17	19	15	17	20
8	QS	0.032	21	24	27	21	25	28	22	25	28	12	13	15	12	14	16	12	14	16
9	QW	0.045	30	34	39	30	35	39	30	35	40	17	19	21	17	19	22	17	20	22
10	QX	0.030	20	23	26	20	23	26	20	24	26	11	13	14	11	13	15	11	13	15
11	QY	0.024	16	18	21	16	19	21	16	19	21	9	10	11	9	10	12	9	10	12
12	QZ	0.040	27	30	34	27	31	35	27	31	35	15	17	19	15	17	19	15	17	20

按 A-65 规定性指标取值并考虑窗墙比、体形系数超标修正的保温材料厚度参考值(多孔砖)　　附表 1.2.14

节能水平及规定性指标限值			65%, $R_i=0.11$, $R_e=0.04$, $\Sigma R=0.85$																	
原外墙基层材料及热阻($m^2 \cdot K/W$)			多孔砖 190mm, $R=0.221$									多孔砖 240mm, $R=0.279$								
体形系数			0.55	0.62	0.68	0.55	0.62	0.68	0.55	0.62	0.68	0.55	0.62	0.68	0.55	0.62	0.68	0.55	0.62	0.68
窗墙比			0.45			0.5			0.55			0.45			0.5			0.55		
规定性指标增幅			1	1.12	1.23	1.02	1.14	1.26	1.05	1.17	1.29	1	1.12	1.23	1.02	1.14	1.26	1.05	1.17	1.29
序号	保温材料代号	导热系数[W/(m·K)]	保温材料厚度(mm)选择																	
1	QC	0.050	31	35	39	32	36	40	33	37	41	29	32	35	29	33	36	30	33	37
2	QE	0.038	24	27	29	24	27	30	25	28	31	22	24	27	22	25	27	23	25	28
3	QF	0.060	38	42	46	38	43	48	40	44	49	34	38	42	35	39	43	36	40	44
4	QK	0.060	38	42	46	38	43	48	40	44	49	34	38	42	35	39	43	36	40	44
5	QN	0.060	38	42	46	38	43	48	40	44	49	34	38	42	35	39	43	36	40	44
6	QP	0.062	39	44	48	40	44	49	41	46	50	35	40	44	36	40	45	37	41	46
7	QR	0.040	25	28	31	26	29	32	26	29	32	23	26	28	23	26	29	24	27	29
8	QS	0.032	20	23	25	21	23	25	21	24	26	18	20	22	19	21	23	19	21	24
9	QW	0.045	28	32	35	29	32	36	30	33	37	26	29	32	26	29	32	27	30	33
10	QX	0.030	19	21	23	19	22	24	20	22	24	17	19	21	17	20	22	18	20	22
11	QY	0.024	15	17	19	15	17	19	16	18	19	14	15	17	14	16	17	14	16	18
12	QZ	0.040	25	28	31	26	29	32	26	29	32	23	26	28	23	26	29	24	27	29

按 A-65 规定性指标取值并考虑窗墙比、体形系数超标修正的保温材料厚度参考值(混凝土砌块、普通砖)　附表 1.2.15

节能水平及规定性指标限值			65%, $R_i=0.11$, $R_e=0.04$, $\sum R=0.85$																	
原外墙基层材料及热阻($m^2 \cdot K/W$)			多孔砖 190mm, $R=0.221$									多孔砖 240mm, $R=0.279$								
体形系数			0.55	0.62	0.68	0.55	0.62	0.68	0.55	0.62	0.68	0.55	0.62	0.68	0.55	0.62	0.68	0.55	0.62	0.68
窗墙比			0.45			0.5			0.55			0.45			0.5			0.55		
规定性指标增幅			1	1.12	1.23	1.02	1.14	1.26	1.05	1.17	1.29	1	1.12	1.23	1.02	1.14	1.26	1.05	1.17	1.29
序号	保温材料代号	导热系数[W/(m·K)]	保温材料厚度(mm)选择																	
1	QC	0.050	33	37	41	34	38	42	35	39	43	19	21	23	19	21	23	19	22	24
2	QE	0.038	25	28	31	26	29	32	26	30	33	14	16	17	14	16	18	15	16	18
3	QF	0.060	40	45	49	41	45	50	42	47	51	22	25	27	23	25	28	23	26	29
4	QK	0.060	40	45	49	41	45	50	42	47	51	22	25	27	23	25	28	23	26	29
5	QN	0.060	40	45	49	41	45	50	42	47	51	22	25	27	23	25	28	23	26	29
6	QP	0.062	41	46	51	42	47	52	43	48	53	23	26	28	23	26	29	24	27	30
7	QR	0.040	27	30	33	27	30	33	28	31	34	15	17	18	15	17	19	16	17	19
8	QS	0.032	21	24	26	22	24	27	22	25	27	12	13	15	12	13	15	12	14	15
9	QW	0.045	30	33	37	30	34	38	31	35	39	17	19	20	17	19	21	17	19	21
10	QX	0.030	20	22	25	20	23	25	21	23	26	11	12	14	11	13	14	12	13	14
11	QY	0.024	16	18	20	16	18	20	17	19	21	9	10	11	9	10	11	9	10	11
12	QZ	0.040	27	30	33	27	30	33	28	31	34	15	17	18	15	17	19	16	17	19

2 平屋面保温改造

2.1 概述

按屋面坡度定义,平屋面一般是指坡度小于5%的屋面;按屋面构造定义,平屋面一般是指屋面无斜向构件,仅靠找坡组织屋面排水的屋面。常见的平屋面保温改造方式有正置式、倒置式,两者主要靠保温层与防水层相互位置关系来区分,防水层在上即正置式,保温层在上即倒置式。

近二十年来,在城市旧房改造项目中,“平改坡”备受推崇。“平改坡”即在建筑结构许可条件下,将现有低层或多层平顶楼房改建成坡形屋面,并对外立面进行修整,达到改善住宅性能和建筑物外观视觉效果的房屋修缮行为。“建筑结构许可条件下”是平改坡的核心前提,与城市建筑相比,农房的结构安全性较弱,从安全性角度,平改坡技术难以推广;因涉及房屋顶部结构变动,平改坡费用较普通平屋面改造有大幅提升,从经济性角度,平改坡技术不适用于经济欠发达的农村地区。

正置式与倒置式平屋面保温改造是本章的主要内容,经保温改造后的平屋面应具有良好的排水、防水、保温、隔热、防火和承载能力。保温层材料应尽量选择轻质材料并应符合《屋面工程技术规范》(GB 50345—2012)、《倒置式屋面工程技术规程》(JGJ 230—2010)的相关规定。

由于女儿墙的视线遮挡,平屋面改造不会对农房外观产生影响,本章不再讨论屋面保温改造与原外观的融合问题。

2.2 保温材料的选择

受水蒸气渗透系数、吸水性等性能指标的影响，部分墙体保温材料不适用于屋面保温，表 1.1 中所列 12 种墙体保温材料有 9 种可用于屋面保温，加之《屋面工程技术规范》(GB 50345—2012)、《倒置式屋面工程技术规程》(JGJ 230—2010)中的 6 种推荐保温材料，本手册列入 15 种层面保温材料，其材料编号、代号统一列入表 2.1。表中原墙体保温材料的性能参数见附表 1.1，新增材料的性能参数详见附表 2.1。

保温材料名称及代号

表 2.1

序号	名　称	书中代号	性能参数
1	CM 石墨复合保温板	WC	同 QC
2	复合保温材料板(无机轻集料珍珠岩)	WF	同 QF
3	KK 无机不燃保温板	WK	同 QK
4	模塑聚苯乙烯泡沫塑料	WM	见附表 2.1
5	纳米微孔硅酸盐气凝土防火保温板材	WN	同 QN
6	泡沫玻璃保温板	WPB	同 QP
7	泡沫混凝土砌块	WPQ	见附表 2.1
8	喷涂硬泡聚氨酯	WPJ	见附表 2.1
9	膨胀珍珠岩	WPZ	见附表 2.1
10	SM 石墨聚苯板	WS	同 QS
11	屋面复合保温板	WW	同 QW

续上表

序号	名　称	书中代号	性能参数
12	XPS 挤塑聚苯板	WX	同 QX
13	硬泡聚氨酯防水保温复合板	WYF	同 QY
14	硬质聚氨酯泡沫塑料板	WYP	见附表 2.1
15	岩棉绝热制品	WYM	见附表 2.1

注：表中代号"W"指屋面。

2.3　相关规范解读及材料厚度选择

与墙体热工指标相比，屋面指标的影响因素较少，其中以上海市标准最简，直接给出了屋面的传热系数指标；江苏省标准在传热系数要求之外还对热惰性指标提出了要求；浙江省与安徽省的50%节能率标准要求基本一致，屋面传热系数指标受体形系数、热惰性等因素的影响。采用65%节能率时，安徽省标准变简，热惰性对传热系数指标的影响直接按最不利情况选择；浙江省标准变繁，除体形系数、热惰性影响外，新增房屋朝向等指标(表 2.2～表 2.5)。

江苏省住宅 J-50 与 J-65 标准对比(屋面)　　表 2.2

主要指标	规范代号	
	J-50	J-65
屋面传热系数[W/(m^2·K)]	$D \geqslant 3.0$	$D \geqslant 3.0$
	2.0	0.45

浙江省住宅 Z-50 与 Z-65 标准对比(屋面) 表 2.3

<table>
<tr><th colspan="2" rowspan="2">主 要 指 标</th><th colspan="5">规 范 代 号</th></tr>
<tr><th colspan="2">Z-50</th><th colspan="3">Z-65</th></tr>
<tr><td colspan="2">屋面传热系数[W/(m² · K)]</td><td>D≥2.5</td><td>D≥3.0</td><td>D≤2.5</td><td>之间</td><td>D>3</td></tr>
<tr><td rowspan="2">体形系数≤0.4</td><td>北</td><td rowspan="4">0.8</td><td rowspan="4">1.0</td><td rowspan="2">0.6</td><td rowspan="2">0.7</td><td rowspan="2">0.8</td></tr>
<tr><td>南</td></tr>
<tr><td rowspan="2">体形系数>0.4</td><td>北</td><td rowspan="2">0.5</td><td rowspan="2">0.6</td><td rowspan="2">0.7</td></tr>
<tr><td>南</td></tr>
</table>

上海市住宅 S-50 与 S-65 标准对比(屋面) 表 2.4

<table>
<tr><th rowspan="2">主 要 指 标</th><th colspan="2">规 范 代 号</th></tr>
<tr><th>S-50</th><th>S-65</th></tr>
<tr><td>屋面传热系数[W/(m² · K)]</td><td>1.0</td><td>0.6</td></tr>
</table>

安徽省住宅 A-50 与 A-65 标准对比(屋面) 表 2.5

<table>
<tr><th rowspan="2">主 要 指 标</th><th colspan="3">规 范 代 号</th></tr>
<tr><th colspan="2">A-50</th><th>A-65</th></tr>
<tr><td>屋面传热系数[W/(m² · K)]</td><td>D≥2.5</td><td>D≥3.0</td><td></td></tr>
<tr><td>体形系数≤0.4</td><td rowspan="2">0.8</td><td rowspan="2">1.0</td><td>1.0</td></tr>
<tr><td>体形系数>0.4</td><td>0.6</td></tr>
</table>

考虑窗墙比、体形系数超标时的能耗增量,对标准中屋面传热系数要求进行调整,并考虑原屋面结构层热阻值,按照材料导热系数反算得到屋面保温材料厚度,见附表2.2。其中原屋面仅考虑80mm厚混凝土屋面板、120mm厚混凝土屋面板两种工况,装饰面层热阻不计入。

2.4 施工工艺及节点要求

2.4.1 正置式WZX

正置式屋面是传统屋面构造做法,保温层在防水层下,受防水层保护。新建正置式屋面的施工工艺流程见图2.1,图中“WZX”是指屋面正置式工序。对既有农房的正置式改造,基层应处理至找平层,找平层以下不做扰动,正置式屋面的构造详见附录B.1。

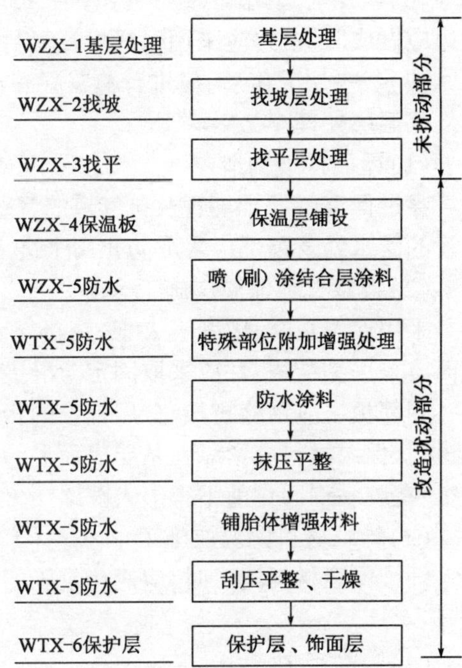

图2.1 新建正置式屋面施工工艺流程

基层处理及准备 WZX-1

(1)屋面保温层不应在雨天、雪天及五级以上大风天气施工。

(2)施工时,应设有防滑梯、安全带和护身栏杆等安全设施。

找坡层处理 WZX-2、找平层处理 WZX-3

(1)找坡层、找平层的材料及配合比应符合设计要求。

(2)施工环境温度不宜低于5℃,否则应采取冬期施工措施。

(3)施工前应将基层表面清理干净,并应浇水湿润、涂刷水泥浆或其他界面材料。

(4)找坡层应按屋面排水方向和设计坡度要求进行,找坡层最薄处厚度不宜小于20mm,并保证平整度及坡度。

(5)分格缝设置应符合设计要求。

(6)基层与女儿墙、变形缝、管道、山墙等突出屋面结构的交接处应做成圆弧形,并应满足设计要求的圆弧半径。水落口周边应做成凹坑,并应采用密封材料密封。

(7)找平层完工后,应进行覆盖湿润养护。

保温层处理 WZX-4

(1)屋面排气构造

穿过保温层的排气管及排气道的管壁四周应均匀打孔,以保证排气的畅通;排气管周围与防水层交接处应做附加层;排气管的泛水处及顶部应采取防止雨水进入的措施。

(2)板状材料保温层施工

采用保温板时,坡度不大于3%的不上人屋面可采取干铺法,坡度不大于3%的上人屋面宜采用黏结法,坡度大于3%的屋面应采用黏结法,并应采取固定防滑措施。

相邻板块应错缝拼接,分层铺设的板块上下层接缝应相互错开,板间缝隙应采用同类材料嵌填密实。采用干铺法施工时,板状保温材料应紧靠在基层表面上,并应铺平垫稳;采用黏结法施工时,胶黏剂应与保温材料相容,板状保温材料应贴严、粘牢,在胶黏剂固化前不得上人踩踏。

(3)纤维材料保温层施工

纤维保温材料施工时,应避免重压,并应采取防潮措施。纤维保温材料铺设时,平面拼接缝应贴紧,上下层拼接缝应相互错开。

(4)喷涂施工

施工前应对喷涂设备进行调试,并应喷涂试块进行材料性能检测。喷涂时喷嘴与施工基面的间距应由试验确定。喷涂材料的配比应准确计量，发泡厚度应均匀一致，一个作业面应分遍喷涂完成，每遍喷涂厚度不宜大于15mm，喷涂后20min内严禁上人。

(5)施工环境要求

干铺的保温材料可在负温度下施工，用水泥砂浆粘贴的保温板施工温度不宜低于5℃；喷涂施工温度宜为15～35℃，空气相对湿度宜小于85%，风速不宜大于三级。

防水层处理 WZX-5

(1)卷材防水层

①基本要求。

保温材料防火性能达到A级时，屋面卷材不宜采用热熔法和热粘法施工。卷材搭接缝宽度应符合《屋面工程技术规程》(JGB 50345—2012)的规定；同一层相邻两幅卷材短边搭接缝错开不应小于500mm；上下层卷材长边搭接缝应错开，且不应小于幅宽的1/3；叠层铺贴的各层卷材，在天沟与屋面的交接处，应采用叉接法搭接，搭接缝应错开。

②粘法铺贴卷材。

卷材空铺、点粘、条粘时，应按规定的位置及面积涂刷胶黏剂并根据胶黏剂的性能与施工环境、气温条件等，控制胶黏剂涂刷与卷材铺贴的间隔时间。合成高分子卷材搭接部位采用胶黏带黏结时，黏合面应清理干净，必要时可涂刷与卷材及胶黏带材性相容的基层胶黏剂，撕去胶黏带隔离纸后应及时黏合接缝部位的卷材，并应辊压粘贴牢固。

③热粘法铺贴卷材。

熔化热熔型改性沥青胶结料时，宜采用专用导热油炉加热，加热温度不应高于200℃，使用温度不宜低于180℃。粘贴卷材的热熔型改性沥青胶结料厚度宜为1.0～1.5mm。

④热熔法铺贴卷材。

火焰加热器的喷嘴距卷材面的距离应适中，幅宽内加热应均匀，应以卷材表面熔融至光亮黑色为度，不得过分加热卷材。厚度小于3mm的高聚物改性沥青防水卷材，严禁采用热熔法施工。搭接缝部位宜以溢出热熔的改性沥青胶结料为度，溢出的改性沥青胶结料宽度宜为8mm,并宜均匀顺直。

⑤焊接法铺贴卷材。

对热塑性卷材的搭接缝可采用单缝焊或双缝焊,焊接应严密。焊接缝的结合面应清理干净,先焊长边搭接缝,后焊短边搭接缝,并控制加热温度和时间,焊接缝不得漏焊、跳焊或焊接不牢。

⑥机械固定法铺贴卷材。

固定件间距应根据抗风试验和当地的使用环境与条件确定,并不宜大于600mm。卷材防水层周边800mm范围内应满粘,卷材收头应采用金属压条钉压固定和密封处理。

(2)涂膜防水层施工

①基本要求。

涂膜防水层的基层应坚实、平整、干净,应无孔隙、起砂和裂缝。基层的干燥程度应根据所选用的防水涂料特性确定。当采用溶剂型、热熔型和反应固化型防水涂料时,基层应干燥。双组分或多组分防水涂料应按配合比准确计量,应采用电动机具搅拌均匀,已配制的涂料应及时使用。配料时可加入适量的缓凝剂或促凝剂调节固化时间,但不得混合已固化的涂料。

②涂膜施工。

防水涂料应多遍均匀涂布,涂膜总厚度应符合设计要求。涂膜间夹铺胎体增强材料时,宜边涂布边铺胎体。在胎体上涂布涂料时,应使涂料浸透胎体,并应覆盖完全,不得有胎体外露现象。涂膜施工应先做好细部处理,再进行大面积涂布。屋面转角及立面的涂膜应薄涂多遍,不得流淌和堆积。

保护层处理 WZX-6

(1)保护层可采用块体材料、水泥砂浆、细石混凝土等材料,坡度应符合设计要求,不得有积水现象。

(2)块体材料保护层铺设。

在砂结合层上铺设块体时,砂结合层应平整,块体间应预留10mm的缝隙,缝内应填砂,并应用1∶2水泥砂浆勾缝。在水泥砂浆结合层上铺设块体时,块体间应预留10mm的缝隙,缝内应用1∶2水泥砂浆勾缝。

(3)细石混凝土保护层铺设。

细石混凝土铺设不宜留施工缝,当施工间隙超过时间规定时,应对接槎进行处理。

(4)水泥砂浆保护层铺设。

水泥砂浆表面应抹平压光,不得有裂纹、脱皮、麻面、起砂等缺陷。

2.4.2 倒置式 WDX

倒置式屋面又称倒置式保温屋面,将憎水性保温材料设置在防水层上的屋面。其构造层次(自上而下)为保温层、防水层、结构层,详见附录 B 的 B.1。倒置式屋面对保温材料的要求,应符合《倒置式屋面工程技术规程》(JGJ 230—2010)规范的如下规定:

(1)导热系数不应大于 0.080W/(m·K);

(2)使用寿命应满足设计要求;

(3)压缩强度或抗压强度不应小于 150kPa;

(4)体积吸水率不应大于 3%;

(5)对于屋顶基层采用耐火极限不小于 1.00h 的不燃烧体的建筑,其屋顶保温材料的燃烧性能不应低于 B2 级;其他情况,保温材料的燃烧性能不应低于 B1 级。

新建倒置式屋面的施工工艺流程见图 2.2,图中“WDX”中的“W”代表屋面,“D”表示倒置式,“X”是指工序,对既有农房的倒置式改造,基层应处理至防水层以上,较正置式简单。

与正置式屋面相比,倒置式屋面在防水层及保护层处理工艺上要求更为严格。倒

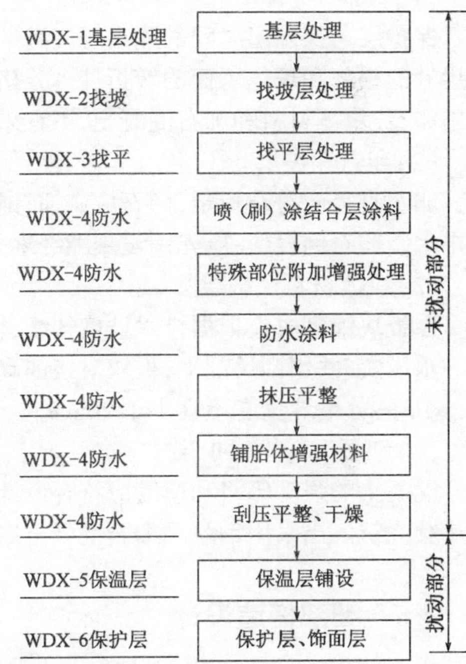

图 2.2 倒置式屋面施工工艺流程

置式屋面在女儿墙、变形缝、管道、山墙等突出部位防水附加层水平及立面延伸距离宜大于正置式屋面。保护层处理及工艺要求如下。

保护层处理 WDX-6

(1)基本要求

保护层与保温层之间的隔离层应满铺,不得漏底,搭接宽度不应小于100mm。分格缝应设置在屋面板的端头、凸出屋面交接处的根部和现浇屋面的转折处。分格缝纵横向交接处应相互贯通,不宜形成T形或L形缝。倒置式屋面保护层材料宜采用卵石、块体材料和细石混凝土,不宜采用水泥砂浆。

(2)卵石保护层

卵石直径应符合规定,卵石应满铺、铺设均匀,质(重)量应符合设计要求。卵石下宜铺设带支点的塑料排水板,通过空腔层排水。卵石铺设前,应先铺设聚酯纤维无纺布等隔离材料,并应保持水落口和天沟等处的排水畅通。

(3)块体材料保护层

在板块铺砌时应根据排水坡度挂线,铺砌的板块应横平竖直,板块的接缝应对齐。在砂结合层上铺砌板块时,砂结合层应洒水压实,并用刮尺刮平,板块对接铺砌、铺设平整,缝隙宽度宜为10mm。板块材料保护层宜留设分格缝,其纵横间距不宜大于10m,分格缝宽度不宜小于20mm。

(4)细石混凝土保护层

混凝土的强度等级和厚度应符合设计要求,混凝土收水后应进行收浆压光。分格缝应按规定设置,一个分格内的混凝土应连续浇筑。当采用钢筋网细石混凝土作保护层时,钢筋网片保护层厚度不应小于10mm,钢筋网片在分格缝处应断开。

2.5 细部构造设计

(1)屋面细部构造应包括天沟、女儿墙、水落口、屋面出入口等部位。细部结构设计应做到多道防设、复合用材、连续密封、局部增强，并应满足使用功能、温差变形、施工环境和可操作性等要求。

(2)卷材或涂膜防水屋面天沟的防水构造详图见附录B的B.2、B.5，天沟的防水层下应增设附加层，附加层伸入屋面的宽度应严格控制，天沟防水层和附加层应由沟底翻上至外侧顶部，卷材收头应用金属压条钉压，并应用密封材料封严，涂膜收头应用防水涂料多遍涂刷或用密封材料封严。

(3)女儿墙的防水保温构造。

低女儿墙防水材料可直接铺至压顶下，泛水收头应采用水泥钉配垫片钉压固定和密封膏封严。涂膜应直接涂刷至压顶下，泛水收头应用防水涂料多遍涂刷，压顶应做防水处理，详图见附录B的B.2、B.5。高女儿墙防水材料应连续铺至泛水高度，泛水收头应采用水泥钉配垫片钉压固定和密封背封严，墙体顶部应做防水处理，详图见附录B的B.2、B.5。

(4)屋面水落口处构造。

水落口周围直径500mm范围内坡度不应小于5%，防水层下应增设涂膜附加层防水层和附加层伸入水落口杯内不应小于50mm或100mm，并应黏结牢固。

(5)屋面出入口构造。

屋面垂直出入口泛水处应增设附加层，附加层的平面和立面的宽度均不应小于250mm；防水层收头应在混凝土压顶圈下，详图见附录B的B.4、B.7。屋面水平出入口泛水处应增设附加层和护墙，附加层在平面上的宽度不应小于250mm，防水层收头应压在混凝土踏步下，详图见附录B的B.4、B.7。

附表 2.1　保温材料主要性能

保温材料主要性能　附表 2.1

性能项目	单位	指标						
		WM	WPQ	WPJ	WPZ	WW	WYP	WYM
表观密度	kg/m^3	≥60	≤330	≥50	≤200	≥180	≥35	180
导热系数	W/(m·K)	≤0.039	≤0.08	≤0.024	≤0.060	≤0.070	≤0.024	≤0.040
水蒸气渗透系数	ng/(Pa·m·s)	2	—	≤5	—	—	≤6.5	—
抗拉强度	MPa	—	—	≥10	≥0.10	—	—	≥0.0075
抗压强度	MPa	≥0.40	≥0.8	≥0.3	≥0.40	≥0.20	≥0.18	≥0.04
尺寸稳定性	%	≤1.5	≤0.5	≤1	—	—	≤3	—
吸水率	%	≤2	≤10	≤3	≤10.0	≤3	≤3	≤0.5
燃烧性能		≥B2	A	≥B2	A1	A	≥B2	A

附表2.2 不同标准规定性指标取值并考虑窗墙比、体形系数超标修正的屋面保温材料厚度参考值

按 J-50 规定性指标取值并考虑窗墙比、体形系数超标修正的保温材料厚度参考值　　附表2.2.1

节能水平及规定性指标限值			50%, $R_i=0.11$, $R_e=0.04$, $\sum R=1.85$																	
原屋面基层材料及热阻($m^2 \cdot K/W$)			钢筋混凝土板 80mm, $R=0.136$									钢筋混凝土板 120mm, $R=0.203$								
体形系数			0.55	0.62	0.68	0.55	0.62	0.68	0.55	0.62	0.68	0.55	0.62	0.68	0.55	0.62	0.68	0.55	0.62	0.68
窗墙比			0.45			0.5			0.55			0.45			0.5			0.55		
规定性指标增幅			1	1.13	1.27	1.03	1.17	1.31	1.05	1.2	1.34	1	1.13	1.27	1.03	1.17	1.31	1.05	1.2	1.34
序号	保温材料代号	导热系数[W/(m·K)]	保温材料厚度(mm)选择																	
1	WC	0.05	86	97	109	88	100	112	90	103	115	82	93	105	85	96	108	86	99	110
2	WF	0.069	118	134	150	122	138	155	124	142	158	114	128	144	117	133	149	119	136	152
3	WK	0.06	103	116	131	106	120	135	108	123	138	99	112	126	102	116	129	104	119	132
4	WM	0.039	67	76	85	69	78	88	70	80	90	64	73	82	66	75	84	67	77	86
5	WN	0.06	103	116	131	106	120	135	108	123	138	99	112	126	102	116	129	104	119	132
6	WPB	0.062	106	120	135	109	124	139	112	128	142	102	115	130	105	119	134	107	123	137
7	WPQ	0.08	137	155	174	141	160	180	144	165	184	132	149	167	136	154	173	138	158	177
8	WPJ	0.024	41	46	52	42	48	54	43	49	55	40	45	50	41	46	52	42	47	53
9	WPZ	0.06	103	116	131	106	120	135	108	123	138	99	112	126	102	116	129	104	119	132
10	WS	0.032	55	62	70	56	64	72	58	66	73	53	60	67	54	62	69	55	63	71
11	WW	0.07	120	136	152	124	140	157	126	144	161	115	130	146	119	135	151	121	138	154
12	WX	0.03	51	58	65	53	60	67	54	62	69	49	56	63	51	58	65	52	59	66
13	WYF	0.024	41	46	52	42	48	54	43	49	55	40	45	50	41	46	52	42	47	53
14	WYP	0.024	41	46	52	42	48	54	43	49	55	40	45	50	41	46	52	42	47	53
15	WYM	0.04	69	77	87	71	80	90	72	82	92	66	74	84	68	77	86	69	79	88

按 J-65 规定性指标取值并考虑窗墙比、体形系数超标修正的保温材料厚度参考值 附表 2.2.2

节能水平及规定性指标限值			65%, $R_i=0.11$, $R_e=0.04$, $\Sigma R=2.07$																	
原屋面基层材料及热阻($m^2 \cdot K/W$)			钢筋混凝土板 80mm, $R=0.136$									钢筋混凝土板 120mm, $R=0.203$								
体形系数			0.55	0.62	0.68	0.55	0.62	0.68	0.55	0.62	0.68	0.55	0.62	0.68	0.55	0.62	0.68	0.55	0.62	0.68
窗墙比			0.45			0.5			0.55			0.45			0.5			0.55		
规定性指标增幅			1	1.13	1.25	1.03	1.17	1.3	1.06	1.2	1.34	1	1.13	1.25	1.03	1.17	1.3	1.06	1.2	1.34
序号	保温材料代号	导热系数[W/(m·K)]	保温材料厚度(mm)选择																	
1	WC	0.05	97	109	121	100	113	126	103	116	130	93	105	117	96	109	121	99	112	125
2	WF	0.069	133	151	167	137	156	173	141	160	179	129	146	161	133	151	167	137	155	173
3	WK	0.06	116	131	145	120	136	151	123	139	155	112	127	140	115	131	146	119	134	150
4	WM	0.039	75	85	94	78	88	98	80	91	101	73	82	91	75	85	95	77	87	98
5	WN	0.06	116	131	145	120	136	151	123	139	155	112	127	140	115	131	146	119	134	150
6	WPB	0.062	120	135	150	124	140	156	127	144	161	116	131	145	119	135	150	123	139	155
7	WPQ	0.08	155	175	193	159	181	201	164	186	207	149	169	187	154	175	194	158	179	200
8	WPJ	0.024	46	52	58	48	54	60	49	56	62	45	51	56	46	52	58	47	54	60
9	WPZ	0.06	116	131	145	120	136	151	123	139	155	112	127	140	115	131	146	119	134	150
10	WS	0.032	62	70	77	64	72	80	66	74	83	60	68	75	62	70	78	63	72	80
11	WW	0.07	135	153	169	139	158	176	144	162	181	131	148	163	135	153	170	139	157	175
12	WX	0.03	58	66	73	60	68	75	62	70	78	56	63	70	58	66	73	59	67	75
13	WYF	0.024	46	52	58	48	54	60	49	56	62	45	51	56	46	52	58	47	54	60
14	WYP	0.024	46	52	58	48	54	60	49	56	62	45	51	56	46	52	58	47	54	60
15	WYM	0.04	77	87	97	80	91	101	82	93	104	75	84	93	77	87	97	79	90	100

按 Z-50 规定性指标取值并考虑窗墙比、体形系数超标修正的保温材料厚度参考值　　附表 2.2.3

节能水平及规定性指标限值			50%，$R_i=0.11$，$R_e=0.04$，$\sum R=1.1$					
原屋面基层材料及热阻($m^2 \cdot K/W$)			钢筋混凝土板 80mm，$R=0.136$			钢筋混凝土板 120mm，$R=0.203$		
体形系数			0.55	0.62	0.68	0.55	0.62	0.68
窗墙比			0.7			0.7		
规定性指标增幅			1	1.16	1.32	1	1.16	1.32
序号	保温材料代号	导热系数[W/(m·K)]	保温材料厚度(mm)选择					
1	WC	0.05	48	56	64	45	52	59
2	WF	0.069	67	77	88	62	72	82
3	WK	0.06	58	67	76	54	62	71
4	WM	0.039	38	44	50	35	41	46
5	WN	0.06	58	67	76	54	62	71
6	WPB	0.062	60	69	79	56	65	73
7	WPQ	0.08	77	89	102	72	83	95
8	WPJ	0.024	23	27	31	22	25	28
9	WPZ	0.06	58	67	76	54	62	71
10	WS	0.032	31	36	41	29	33	38
11	WW	0.07	67	78	89	63	73	83
12	WX	0.03	29	34	38	27	31	36
13	WYF	0.024	23	27	31	22	25	28
14	WYP	0.024	23	27	31	22	25	28
15	WYM	0.04	39	45	51	36	42	47

按 Z-65 规定性指标取值并考虑窗墙比、体形系数超标修正的保温材料厚度参考值 附表 2.2.4

节能水平及规定性指标限值			65%, $R_i=0.11$, $R_e=0.04$, $\Sigma R=1.52$																	
原屋面基层材料及热阻($m^2 \cdot K/W$)			钢筋混凝土板 80mm, $R=0.136$									钢筋混凝土板 120mm, $R=0.203$								
体形系数			0.55	0.62	0.68	0.55	0.62	0.68	0.55	0.62	0.68	0.55	0.62	0.68	0.55	0.62	0.68	0.55	0.62	0.68
窗墙比			0.5			0.53			0.55			0.5			0.53			0.55		
规定性指标增幅			1	1.11	1.25	1.02	1.13	1.29	1.05	1.16	1.32	1	1.11	1.25	1.02	1.13	1.29	1.05	1.16	1.32
序号	保温材料代号	导热系数[W/(m·K)]	保温材料厚度(mm)选择																	
1	WC	0.05	69	77	87	71	78	89	73	80	91	66	73	82	67	74	85	69	76	87
2	WF	0.069	95	106	119	97	108	123	100	111	126	91	101	114	93	103	117	95	105	120
3	WK	0.06	83	92	104	85	94	107	87	96	110	79	88	99	81	89	102	83	92	104
4	WM	0.039	54	60	67	55	61	70	57	63	71	51	57	64	52	58	66	54	60	68
5	WN	0.06	83	92	104	85	94	107	87	96	110	79	88	99	81	89	102	83	92	104
6	WPB	0.062	86	95	107	88	97	111	90	100	113	82	91	102	83	92	105	86	95	108
7	WPQ	0.08	111	123	138	113	125	143	116	128	146	105	117	132	107	119	136	111	122	139
8	WPJ	0.024	33	37	42	34	38	43	35	39	44	32	35	40	32	36	41	33	37	42
9	WPZ	0.06	83	92	104	85	94	107	87	96	110	79	88	99	81	89	102	83	92	104
10	WS	0.032	44	49	55	45	50	57	47	51	58	42	47	53	43	48	54	44	49	56
11	WW	0.07	97	108	121	99	109	125	102	112	128	92	102	115	94	104	119	97	107	122
12	WX	0.03	42	46	52	42	47	54	44	48	55	40	44	49	40	45	51	41	46	52
13	WYF	0.024	33	37	42	34	38	43	35	39	44	32	35	40	32	36	41	33	37	42
14	WYP	0.024	33	37	42	34	38	43	35	39	44	32	35	40	32	36	41	33	37	42
15	WYM	0.04	55	61	69	56	63	71	58	64	73	53	58	66	54	60	68	55	61	70

按 S-50 规定性指标取值并考虑窗墙比、体形系数超标修正的保温材料厚度参考值　　附表 2.2.5

节能水平及规定性指标限值			50%, $R_i=0.11$, $R_e=0.04$, $\sum R=0.85$																	
原屋面基层材料及热阻($m^2 \cdot K/W$)			钢筋混凝土板 80mm, $R=0.136$									钢筋混凝土板 120mm, $R=0.203$								
体形系数			0.55	0.62	0.68	0.55	0.62	0.68	0.55	0.62	0.68	0.55	0.62	0.68	0.55	0.62	0.68	0.55	0.62	0.68
窗墙比			0.35			0.45			0.55			0.35			0.45			0.55		
规定性指标增幅			1	1.12	1.23	1.02	1.15	1.28	1.05	1.19	1.34	1	1.12	1.23	1.02	1.15	1.28	1.05	1.19	1.34
序号	保温材料代号	导热系数[W/(m·K)]	保温材料厚度(mm)选择																	
1	WC	0.05	36	40	44	36	41	46	37	42	48	32	36	40	33	37	41	34	38	43
2	WF	0.069	49	55	61	50	57	63	52	59	66	45	50	55	46	51	57	47	53	60
3	WK	0.06	43	48	53	44	49	55	45	51	57	39	43	48	40	45	50	41	46	52
4	WM	0.039	28	31	34	28	32	36	29	33	37	25	28	31	26	29	32	26	30	34
5	WN	0.06	43	48	53	44	49	55	45	51	57	39	43	48	40	45	50	41	46	52
6	WPB	0.062	44	50	54	45	51	57	46	53	59	40	45	49	41	46	51	42	48	54
7	WPQ	0.08	57	64	70	58	66	73	60	68	77	52	58	64	53	60	66	54	62	69
8	WPJ	0.024	17	19	21	17	20	22	18	20	23	16	17	19	16	18	20	16	18	21
9	WPZ	0.06	43	48	53	44	49	55	45	51	57	39	43	48	40	45	50	41	46	52
10	WS	0.032	23	26	28	23	26	29	24	27	31	21	23	25	21	24	27	22	25	28
11	WW	0.07	50	56	61	51	57	64	52	59	67	45	51	56	46	52	58	48	54	61
12	WX	0.03	21	24	26	22	25	27	22	25	29	19	22	24	20	22	25	20	23	26
13	WYF	0.024	17	19	21	17	20	22	18	20	23	16	17	19	16	18	20	16	18	21
14	WYP	0.024	17	19	21	17	20	22	18	20	23	16	17	19	16	18	20	16	18	21
15	WYM	0.04	29	32	35	29	33	37	30	34	38	26	29	32	26	30	33	27	31	35

按 S-65 规定性指标取值并考虑窗墙比、体形系数超标修正的保温材料厚度参考值 附表 2.2.6

节能水平及规定性指标限值			65%, $R_i=0.11$, $R_e=0.04$, $\sum R=1.52$																	
原屋面基层材料及热阻($m^2\cdot K/W$)			钢筋混凝土板 80mm, $R=0.136$									钢筋混凝土板 120mm, $R=0.203$								
体形系数			0.55	0.62	0.68	0.55	0.62	0.68	0.55	0.62	0.68	0.55	0.62	0.68	0.55	0.62	0.68	0.55	0.62	0.68
窗墙比			0.5			0.53			0.55			0.5			0.53			0.55		
规定性指标增幅			1	1.09	1.19	1.01	1.11	1.22	1.02	1.12	1.23	1	1.09	1.19	1.01	1.11	1.22	1.02	1.12	1.23
序号	保温材料代号	导热系数[W/(m·K)]	保温材料厚度(mm)选择																	
1	WC	0.05	69	75	82	70	77	84	71	78	85	66	72	78	67	73	80	67	74	81
2	WF	0.069	95	104	114	96	106	117	97	107	117	91	99	108	92	101	111	93	102	112
3	WK	0.06	83	91	99	84	92	101	85	93	102	79	86	94	80	88	96	81	89	97
4	WM	0.039	54	59	64	55	60	66	55	60	66	51	56	61	52	57	63	52	58	63
5	WN	0.06	83	91	99	84	92	101	85	93	102	79	86	94	80	88	96	81	89	97
6	WPB	0.062	86	94	102	87	95	105	88	96	106	82	89	97	82	91	100	83	91	100
7	WPQ	0.08	111	121	132	112	123	135	113	124	136	105	115	125	106	117	129	107	118	130
8	WPJ	0.024	33	36	40	34	37	41	34	37	41	32	34	38	32	35	39	32	35	39
9	WPZ	0.06	83	91	99	84	92	101	85	93	102	79	86	94	80	88	96	81	89	97
10	WS	0.032	44	48	53	45	49	54	45	50	54	42	46	50	43	47	51	43	47	52
11	WW	0.07	97	106	115	98	108	118	99	109	119	92	100	110	93	102	112	94	103	113
12	WX	0.03	42	45	49	42	46	51	42	47	51	40	43	47	40	44	48	40	44	49
13	WYF	0.024	33	36	40	34	37	41	34	37	41	32	34	38	32	35	39	32	35	39
14	WYP	0.024	33	36	40	34	37	41	34	37	41	32	34	38	32	35	39	32	35	39
15	WYM	0.04	55	60	66	56	61	68	56	62	68	53	57	63	53	58	64	54	59	65

按 A-50 规定性指标取值并考虑窗墙比、体形系数超标修正的保温材料厚度参考值 附表 2.2.7

节能水平及规定性指标限值			50%,R_i=0.11,R_e=0.04,$\sum R$=1.1																	
原屋面基层材料及热阻(m^2·K/W)			钢筋混凝土板 80mm,R=0.136									钢筋混凝土板 120mm,R=0.203								
体形系数			0.55	0.62	0.68	0.55	0.62	0.68	0.55	0.62	0.68	0.55	0.62	0.68	0.55	0.62	0.68	0.55	0.62	0.68
窗墙比			0.5			0.53			0.55			0.5			0.53			0.55		
规定性指标增幅			1	1.14	1.29	1.01	1.17	1.31	1.02	1.18	1.33	1	1.14	1.29	1.01	1.17	1.31	1.02	1.18	1.33
序号	保温材料代号	导热系数[W/(m·K)]	保温材料厚度(mm)选择																	
1	WC	0.05	48	55	62	49	56	63	49	57	64	45	51	58	45	52	59	46	53	60
2	WF	0.069	67	76	86	67	78	87	68	78	88	62	71	80	63	72	81	63	73	82
3	WK	0.06	58	66	75	58	68	76	59	68	77	54	61	69	54	63	71	55	64	72
4	WM	0.039	38	43	48	38	44	49	38	44	50	35	40	45	35	41	46	36	41	47
5	WN	0.06	58	66	75	58	68	76	59	68	77	54	61	69	54	63	71	55	64	72
6	WPB	0.062	60	68	77	60	70	78	61	71	79	56	63	72	56	65	73	57	66	74
7	WPQ	0.08	77	88	99	78	90	101	79	91	103	72	82	93	72	84	94	73	85	95
8	WPJ	0.024	23	26	30	23	27	30	24	27	31	22	25	28	22	25	28	22	25	29
9	WPZ	0.06	58	66	75	58	68	76	59	68	77	54	61	69	54	63	71	55	64	72
10	WS	0.032	31	35	40	31	36	40	31	36	41	29	33	37	29	34	38	29	34	38
11	WW	0.07	67	77	87	68	79	88	69	80	90	63	72	81	63	73	82	64	74	84
12	WX	0.03	29	33	37	29	34	38	29	34	38	27	31	35	27	31	35	27	32	36
13	WYF	0.024	23	26	30	23	27	30	24	27	31	22	25	28	22	25	28	22	25	29
14	WYP	0.024	23	26	30	23	27	30	24	27	31	22	25	28	22	25	28	22	25	29
15	WYM	0.04	39	44	50	39	45	51	39	46	51	36	41	46	36	42	47	37	42	48

按 A-65 规定性指标取值并考虑窗墙比、体形系数超标修正的保温材料厚度参考值 附表 2.2.8

节能水平及规定性指标限值			65%, $R_i=0.11$, $R_e=0.04$, $\Sigma R=1.52$																	
原屋面基层材料及热阻($m^2 \cdot K/W$)			钢筋混凝土板 80mm, $R=0.136$									钢筋混凝土板 120mm, $R=0.203$								
体形系数			0.55	0.62	0.68	0.55	0.62	0.68	0.55	0.62	0.68	0.55	0.62	0.68	0.55	0.62	0.68	0.55	0.62	0.68
窗墙比			0.45			0.5			0.55			0.45			0.5			0.55		
规定性指标增幅			1	1.12	1.23	1.02	1.14	1.26	1.05	1.17	1.29	1	1.12	1.23	1.02	1.14	1.26	1.05	1.17	1.29
序号	保温材料代号	导热系数[W/(m·K)]	保温材料厚度(mm)选择																	
1	WC	0.05	69	78	85	71	79	87	73	81	89	66	74	81	67	75	83	69	77	87
2	WF	0.069	95	107	117	97	109	120	100	112	123	91	102	112	93	104	114	95	106	120
3	WK	0.06	83	93	102	85	95	105	87	97	107	79	89	97	81	90	100	83	92	104
4	WM	0.039	54	60	66	55	62	68	57	63	70	51	58	63	52	59	65	54	60	68
5	WN	0.06	83	93	102	85	95	105	87	97	107	79	89	97	81	90	100	83	92	104
6	WPB	0.062	86	96	106	88	98	108	90	100	111	82	91	100	83	93	103	86	96	108
7	WPQ	0.08	111	124	136	113	126	140	116	130	143	105	118	130	107	120	133	111	123	139
8	WPJ	0.024	33	37	41	34	38	42	35	39	43	32	35	39	32	36	40	33	37	42
9	WPZ	0.06	83	93	102	85	95	105	87	97	107	79	89	97	81	90	100	83	92	104
10	WS	0.032	44	50	54	45	50	56	47	52	57	42	47	52	43	48	53	44	49	56
11	WW	0.07	97	109	119	99	110	122	102	113	125	92	103	113	94	105	116	97	108	122
12	WX	0.03	42	47	51	42	47	52	44	49	54	40	44	49	40	45	50	41	46	52
13	WYF	0.024	33	37	41	34	38	42	35	39	43	32	35	39	32	36	40	33	37	42
14	WYP	0.024	33	37	41	34	38	42	35	39	43	32	35	39	32	36	40	33	37	42
15	WYM	0.04	55	62	68	56	63	70	58	65	71	53	59	65	54	60	66	55	62	70

3 坡屋面保温改造

3.1 概述

与平屋面定义类似,坡屋面指屋面坡度大于5%的屋面,一般含斜向构件,并主要通过构件坡度组织排水。坡屋面饰面材料以瓦材为主,分为瓦材钉挂型、瓦材粘铺型。长三角地区农房主要采用瓦材钉挂型。

农村坡屋面保温改造通常包括斜向构件的保温改造与吊顶保温改造两种。若不考虑瓦材饰面层施工工艺,斜向构件的保温改造与平屋面改造工艺、材料性能要求极为相似,此处不再赘述,但其细部构造更为复杂,应注意以下几点:

(1)坡屋面节点设计应包括屋脊、檐口、檐沟、天沟、伸出屋面的管道等内容。

(2)细部节点设计应做到多道设防、复合用材、连续密封、局部增强,并应满足使用功能、温差变形、施工环境条件和可操作性等要求。

(3)密封材料的选择。应根据当地历年最高气温、最低气温、屋面构造特点和使用条件等因素,选择耐热度、与低温柔性相适应的密封材料;应根据屋面接缝变形的大小以及接缝的宽度,选择与位移能力相适应的密封材料;应根据屋面接缝黏结性要求,选择与基层材料相容的密封材料;应根据屋面接缝的暴露程度,选择与耐高低温、耐紫外线、耐老化和耐潮湿等性能相适应的密封材料。

(4)屋脊节点。烧结瓦、混凝土瓦屋面的屋脊处应增设宽度不小于250mm的卷材附加层。脊瓦下端距坡面瓦的高度不宜大于80mm,脊瓦在两坡面瓦上的搭盖宽度,每边不应小于40mm。脊瓦与坡瓦面之间的缝隙应采用聚合物水泥砂浆填实抹平,详见附录C中的C.1。

(5)檐口、檐沟、天沟。

①檐口、檐沟外侧及女儿墙压顶内侧等部位均应作滴水处理。

②烧结瓦、混凝土瓦屋面的瓦头挑出檐口的长度宜为50~70mm,详见附录C中的C.2。

③檐沟和天沟防水层下应增设附加层,附加层伸入屋面的宽度不应小于500mm,详见附录C中的C.3。

④伸出屋面管道:

管道泛水处的防水层下应增设附加层,附加层的平面与立面宽度均不应小于250mm,详见附录C的C.4。

斜向构件保温材料厚度的确定较为复杂,不仅受斜向构造的影响,还与室内吊顶、吊顶与坡屋面所围合的空气间层、空气间层中的热流传递方向、密闭性等诸多因素相关。若按最不利状况考虑,即不考虑室内吊顶、空气间层、瓦面等饰面层影响,可参考平屋面厚度选取。

吊顶保温改造属于装修装饰工程,其防火性要求可参考《建筑内部装修设计防火规范》(GB 50222—95)(2001年修订版)规定:

(1)安装在钢龙骨上燃烧性能达到B1级的纸面石膏板、矿棉声板,可作为A级装修材料使用。

(2)建筑内部的变形缝(包括沉降缝、伸缩缝、抗震缝等)两侧的基层应采用A级材料。

(3)照明灯具的高温部位,当靠近非A级装修材料时应采取隔热、散热等防火保护措施,灯饰所用材料的燃烧性能等级不应低于B1级。

(4)达到B1级的顶棚所采用的装修材料包含纸面石膏板、纤维石膏板、水泥刨花板、矿棉装饰吸声板、玻璃棉装饰吸声板、珍珠岩装饰吸声板、难燃胶合板、难燃中密度纤维板、岩棉装饰板、难燃木材、铝箔复合材料、难燃酚醛胶合板、铝箔玻璃钢复合材料等。

3.2 保温材料选择

在吊顶层增设保温层应考虑到材料密度的影响，本手册建议选用密度低于160kg/m^{3}的保温材料，可选材料见表3.1。

保温材料名称及代号

表3.1

序号	名称	书中代号	性能参数
1	CM石墨复合保温板	WC	同QC
2	模塑聚苯乙烯泡沫塑料	WM	见附表2.1
3	泡沫玻璃保温板	WPB	同QP
4	喷涂硬泡聚氨酯	WPJ	见附表2.1
5	SM石墨聚苯板	WS	同QS
6	XPS挤塑聚苯板	WX	同QX
7	硬泡聚氨酯防水保温复合板	WYF	同QY
8	硬质聚氨酯泡沫塑料板	WYP	见附表2.1

3.3 材料厚度选择

考虑窗墙比、体形系数超标时的能耗增量，扣除原屋面热阻值，按照材料导热系数反算可得到保温材料厚度，见附表3.1。原屋面分为80mm厚混凝土板+空气层、120mm厚混凝土板+空气层两种工况，其中空气层热阻计算复杂，与热流方向、空气层厚度、内表面辐射系数等多因素相关，为简化计算，空气层热阻按不利状况选取。

3.4 施工工艺及节点要求

吊杆式吊顶施工工艺流程如图3.1所示，图中“BDX”表示保温吊顶系统，工序顺序依据现场施工顺序进行排序。

BDX-1 准备工作

(1)弹顶棚标高水平线

根据楼层标高线，用尺竖向量至顶棚设计标高，沿墙、柱四周弹顶棚标高水平线，并沿顶棚的标高水平线在墙上画好分挡位置线。

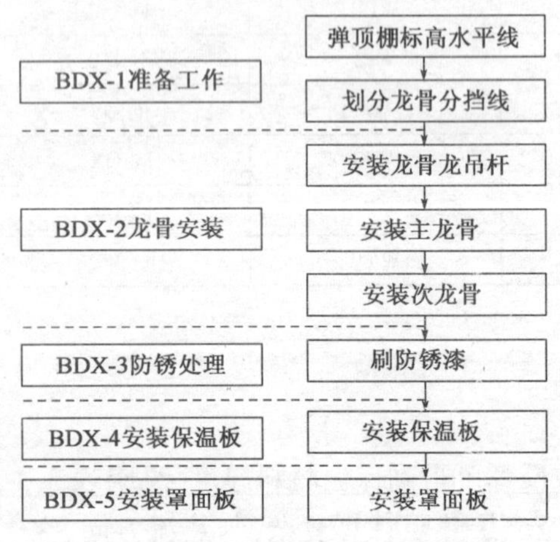

图3.1 保温吊顶施工工艺流程

(2)划分龙骨分挡线

在(楼)地面上确定吊杆点位置，用激光垂准仪进行投点、标识。

BDX-2 龙骨安装

(1)安装龙骨龙吊杆

在弹好顶棚标高水平线及龙骨位置线后，确定吊杆下端头的标高，按卡式龙骨位置及吊挂间距，将吊杆无螺栓丝扣的一端与楼板预埋钢筋连接固定。

(2)安装主龙骨

配装好吊杆螺母。在主龙骨上预先安装好吊挂件，按分挡线位置使吊挂件穿入相应的吊杆螺母，拧好螺母。装好连接件，拉线调整起拱或平直度。固定边木龙骨，采用射钉固定，设计无要求时射钉间距为1000mm。

(3)安装次龙骨

按已弹好的次龙骨分挡线，安装次龙骨吊挂件。按设计规定的次龙骨间距，将次龙骨通过吊挂件吊挂在主龙骨上，一般间距在400mm左右。当次龙骨需多根延续接长时，用连接件在吊挂次龙骨的同时，将相对端头相连接，并先调直后固定。

BDX-3 防锈处理

轻钢骨架罩面板顶棚，焊接处未做防锈处理的表面（如预埋件、吊挂件、连接件、钉固附件等），在交工前应刷防锈漆。此工序应在封罩面板前进行。

BDX-4 安装保温板

在保温板施工之前，必须通知电工进场进行穿线工作，如有电工预埋管线被打断的，及时调整管线位置，管内穿线完毕后进行下道工序施工。

在已装好并经验收的轻钢骨架下面，按保温板的规格、拉缝间隙进行分块弹线，从顶棚中间顺中龙骨方向开始先行安装一行保温板，作为基准，然后向两侧分行安装，固定保温板的自攻螺钉间距为200～300mm。

BDX-5 安装罩面板

罩面板接缝应与保温板接缝错开，不得在一根龙骨上接头，接头处龙骨宽度不少于4cm；一块石膏板由中间向四边进行固定，螺钉宜略埋入板面，但不得破坏其结构。详见附录C中的C.1。

除吊杆式吊顶外，当无水平结构层或斜向结构层过高不便于安装吊杆时，可采用水平支撑的方式进行吊顶保温施工。该工艺以侧墙膨胀螺栓为主承载，辅以钢丝网拉结及刚性拱支撑，详见附录C中的C.1。

3.5 屋面保温的外观融合

3.5.1 外墙系统的外观现状

1）屋面材料

瓦作为最古老的建筑材料之一，千百年来被广泛使用。瓦是最主要的屋面材料，它不仅遮风挡雨且有着重要的装饰效果。随着现代新材料的不断涌现，瓦的功能外延不断拓展，根据其原料来源分类，有黏土瓦、彩色混凝土瓦、石棉水混波瓦、玻纤镁质波瓦、玻纤增强水泥(GRC)波瓦、玻璃瓦、彩色聚氯乙烯瓦、玻纤增强聚酯采光制品、聚碳酸酯采光制品、彩色铝合金压型制品、彩色涂层钢压型制品、彩钢沥青油毡瓦、彩钢保温材料夹芯板、琉璃瓦等。其中黏土瓦、彩色混凝土瓦、玻璃瓦、玻纤镁质波瓦、玻纤增强水泥波瓦、油毡瓦主要用于民用建筑的坡型屋顶；聚碳酸酯采光制品、彩色铝合金压型制品、彩色涂层钢压型制品、彩钢保温材料夹芯板等多用于工业建筑；石棉水混波瓦、钢丝网水泥瓦等多用于简易或临时性建筑；琉璃瓦主要用于园林建筑和仿古建筑。

2)屋面色彩

色彩选择是建筑设计中的重要环节，色彩运用的好坏直接关系建筑设计的成败。在色彩运用的过程中，要充分考虑如建筑的功能、地域环境等，从而成功地将色彩运用到建筑设计中，增强建筑的表达能力。屋面色彩根据屋面材料的不同主要分为素色系与彩色系两类，前者如黑色、白色、灰色，主要反映明度，后者如红色、黄色、蓝色等，主要反映色相、明度和彩度(图3.2)。

3)屋面形状

与平屋顶相比，坡屋顶的排水与挡风性能更佳；由于屋面避免了太阳的正射，其保温与隔热性能也具有明显的优势。从美学角度看，将屋顶设计成坡面增加了住宅的观赏性。坡屋顶在建筑中应用较广泛，主要有单坡式、双坡式、四坡式和折腰式等(图3.3)。双坡或多坡屋顶的倾斜面相互交接，顶部的水平交线称为正脊，斜面相交成为凸角的斜交线称斜脊，斜面相交成为凹角的斜交线称为斜天沟。

4)屋面点缀

对坡屋面而言，其主要的功能节点和外观体现往往集中表达在屋脊与屋檐上(图3.4)。屋脊特指屋顶相对的斜坡或相对的两边之间顶端的交汇线。在我国古建筑的屋脊上可以很容易看到一些神兽造型，这就是人们所说的吻兽。中国古

a)素色系1

b)素色系2

c)彩色系1

d)彩色系2

图 3.2　屋面色彩种类

代建筑屋脊按照位置不同，分为正脊、垂脊、博脊、角脊、戗脊、元宝脊、横屋脊、圈脊。按照构造做法的不同又可分为大脊、过垄脊、清水脊。

a)坡屋顶(双坡)

b)坡屋顶1(单坡)

图 3.3　坡屋面形式

5)屋面绿化

屋面绿化是在建筑物、构筑物等的屋顶、露台、天台、阳台或大型人工假山山体上进行造园，种植树木花卉的统称。屋面绿化对增加绿地面积、降低热岛效应、减少沙尘、改善农户居住条件具有重要的意义。屋顶绿化工程可以分为草坪式、组合式、花园式。草坪式屋面绿化采用抗逆性强的草本植被平铺栽植于屋顶绿化结构层上，重量轻，适用范围广，养护投入少，适用于屋顶承重差的住房；组合式屋面绿化允许使用少部分低矮灌木和更多种类的植被，能够形成高低错落的景观，但是需要定期养护和浇灌，在维护费用和重量上都有所增加；花园式屋面绿化可以使用包括景观小品、建筑和水体在内的更多造景形式，适用于结构条件好、面积大、投入高的大型公共建筑。

a)屋脊点缀1

b)屋脊点缀2

c)屋檐点缀1

d)屋檐点缀2

图3.4　屋面点缀种类

通过实地调查走访,调查范围内农房的屋面材料、颜色、形状、点缀、绿化等五个方面的关键信息统计见图3.5~图3.9。从统计结果上看,长三角地区农房以瓦屋面为主,且多采用双坡屋面,屋面色调以素色系为主,半数以上房屋对屋脊、屋檐有造型点缀,屋面未见绿化。

100%
67%
33%
0%
百分比
瓦屋面
混凝土屋面

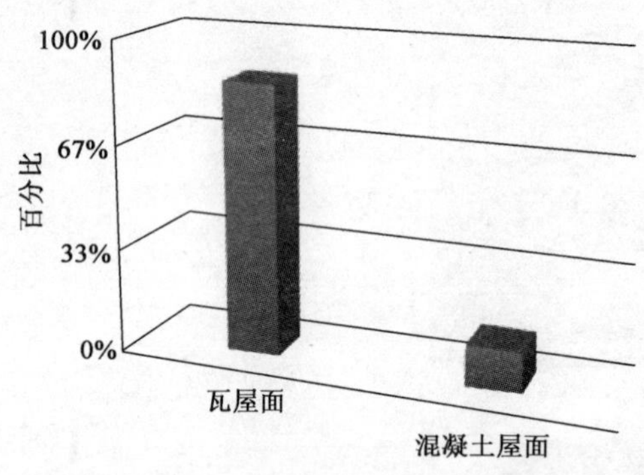

图 3.5　屋面材料统计

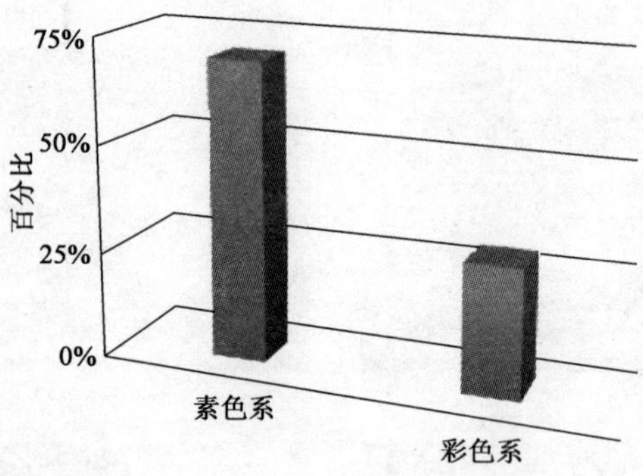

75%
50%
25%
0%
百分比
素色系
彩色系

图 3.6　屋面颜色统计

90%
60%
30%
0%
百分比
双坡
四坡
平坡

图 3.7　屋面形状统计

75%
50%
25%
0%
百分比
有点缀
无点缀

图 3.8　屋面点缀统计

100%
67%
33%
0%
百分比
有绿化
无绿化

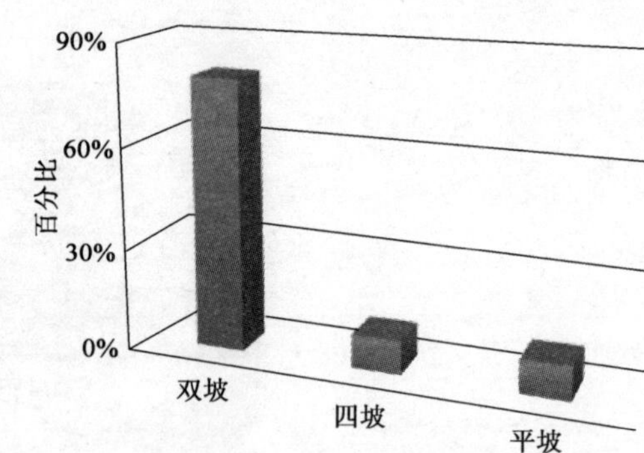

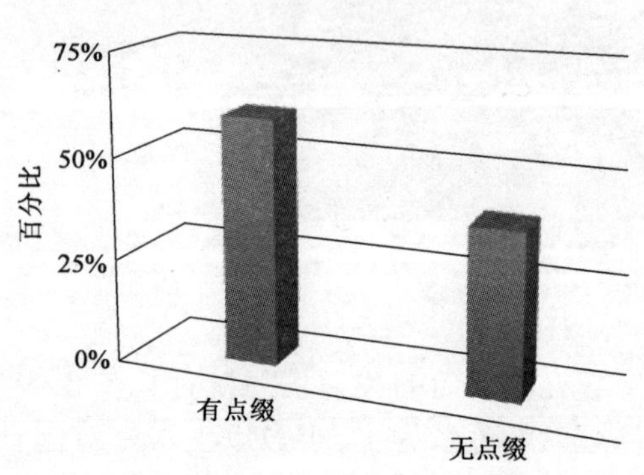

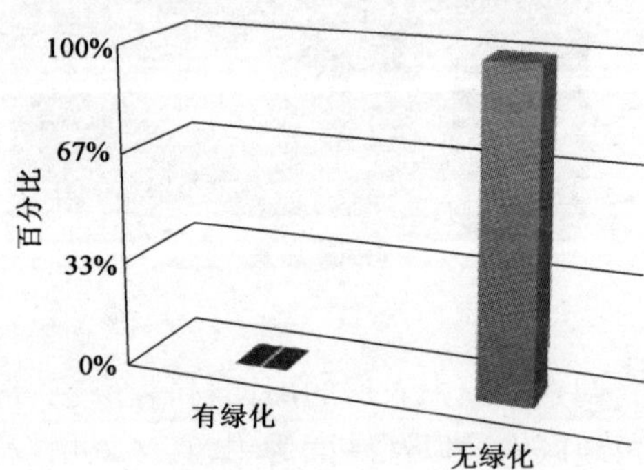

图 3.9　屋面绿化统计

3.5.2 保温系统与屋面外观复原

屋面改造的外观复原难度从改造工艺难度、经济代价、外观影响三个方面讨论,见表3.2。从改造难度和经济性上看,坡瓦屋面的外部改造涉及整个屋面系统的调整,施工难度最大、经济代价最高;混凝土屋面正置式改造时需要对基层处理至防水层以下,施工难度适中、经济代价适中;混凝土屋面倒置式改造时,无须扰动结构原有防水层,施工难度低、经济代价低;坡瓦屋面的内部吊顶改造,对原有坡屋面完全无影响,施工难度和经济代价将进一步降低。从外观影响上看,混凝土屋面因女儿墙的遮挡,视觉影响小;内部吊顶对外部外观基本无影响,坡瓦屋面外部改造对外观有影响。

改造方式与外观复原难度 表3.2

屋面形式	改造方式	改造难度	外观影响	经济代价
坡瓦屋面	外部改造	高	中	高
	内部吊顶	低	无	低
混凝土平屋面	正置式	中	低	中
	倒置式	低	低	低

从表3.2看,坡瓦屋面外部改造的外观复原难度最大,具体应考虑色彩复原和点缀复原两个问题。

保温层施工后,瓦屋面材料的可选色彩丰富,能够满足农房现有的素色系(黑色、白色、灰色)与彩色系(红色、黄色、蓝色)要求。市面上常见的瓦屋面颜色主要有赤铁红、湖蓝色、古岩灰、石青色等,实际工程中可依据《建筑颜色的表示方法》(GB/T 18922—2008)选择适当的颜色。

对于瓦屋面外部改造而言，由于改造过程中需要对屋面瓦、挂瓦条和檩条等结构进行移动，因此复原难度相对较高，其中四坡屋面或其他异型屋面难度最大；瓦屋面吊顶保温改造不扰动屋面结构，对屋面形状无复原要求；平屋面外观复原和提升主要工作量应集中于女儿墙及外天沟等构件上，与外墙外观的处理方式接近。

屋面点缀特别是屋脊点缀，构造复杂且种类繁多。考虑到改造过程中对屋脊与屋檐的扰动，复原难度高，若结合当地历史、文化特色，配以古代屋脊的典型做法，其外观提升空间也较大。

附表3.1 不同标准规定性指标取值并考虑窗墙比、体形系数超标修正的吊顶加保温材料厚度参考值

按 J-50 规定性指标取值并考虑窗墙比、体形系数超标修正的保温材料厚度参考值　　附表3.1.1

节能水平及规定性指标限值			50%, $R_i=0.11$, $R_e=0.04$, $\sum R=1.85$																	
其余材料热阻和($m^2 \cdot K/W$)			钢筋混凝土板80mm+空气层+罩面层,$R=0.342$									钢筋混凝土板120mm+空气层+罩面层,$R=0.409$								
体形系数			0.55	0.62	0.68	0.55	0.62	0.68	0.55	0.62	0.68	0.55	0.62	0.68	0.55	0.62	0.68	0.55	0.62	0.68
窗墙比			0.45			0.5			0.55			0.45			0.5			0.55		
规定性指标增幅			1	1.13	1.27	1.03	1.17	1.31	1.05	1.2	1.34	1	1.13	1.27	1.03	1.17	1.31	1.05	1.2	1.34
序号	保温材料代号	导热系数[W/(m·K)]	保温材料厚度(mm)选择																	
1	WC	0.05	75	85	96	78	88	99	79	90	101	72	81	92	74	84	94	76	86	97
2	WM	0.039	59	66	75	61	69	77	62	71	79	56	64	71	58	66	74	59	67	75
3	WPB	0.062	93	106	119	96	109	122	98	112	125	89	101	113	92	105	117	94	107	120
4	WPJ	0.024	36	41	46	37	42	47	38	43	48	35	39	44	36	40	45	36	42	46
5	WS	0.032	48	55	61	50	56	63	51	58	65	46	52	59	47	54	60	48	55	62
6	WX	0.03	45	51	57	47	53	59	48	54	61	43	49	55	45	51	57	45	52	58
7	WYF	0.024	36	41	46	37	42	47	38	43	48	35	39	44	36	40	45	36	42	46
8	WYP	0.024	36	41	46	37	42	47	38	43	48	35	39	44	36	40	45	36	42	46

按 J-65 规定性指标取值并考虑窗墙比、体形系数超标修正的保温材料厚度参考值 附表 3.1.2

节能水平及规定性指标限值			65%, $R_i=0.11$, $R_e=0.04$, $\Sigma R=2.07$																	
其余材料热阻和($m^2 \cdot K/W$)			钢筋混凝土板 80mm + 空气层 + 罩面层, $R=0.342$									钢筋混凝土板 120mm + 空气层 + 罩面层, $R=0.409$								
体形系数			0.55	0.62	0.68	0.55	0.62	0.68	0.55	0.62	0.68	0.55	0.62	0.68	0.55	0.62	0.68	0.55	0.62	0.68
窗墙比			0.45			0.5			0.55			0.45			0.5			0.55		
规定性指标增幅			1	1.13	1.25	1.03	1.17	1.3	1.06	1.2	1.34	1	1.13	1.25	1.03	1.17	1.3	1.06	1.2	1.34
序号	保温材料代号	导热系数[W/(m·K)]	保温材料厚度(mm)选择																	
1	WC	0.05	86	98	108	89	101	112	92	104	116	83	94	104	86	97	108	88	100	111
2	WM	0.039	67	76	84	69	79	88	71	81	90	65	73	81	67	76	84	69	78	87
3	WPB	0.062	107	121	134	110	125	139	114	129	144	103	116	129	106	120	134	109	124	138
4	WPJ	0.024	41	47	52	43	49	54	44	50	56	40	45	50	41	47	52	42	48	53
5	WS	0.032	55	62	69	57	65	72	59	66	74	53	60	66	55	62	69	56	64	71
6	WX	0.03	52	59	65	53	61	67	55	62	69	50	56	62	51	58	65	53	60	67
7	WYF	0.024	41	47	52	43	49	54	44	50	56	40	45	50	41	47	52	42	48	53
8	WYP	0.024	41	47	52	43	49	54	44	50	56	40	45	50	41	47	52	42	48	53

按 Z-50 规定性指标取值并考虑窗墙比、体形系数超标修正的保温材料厚度参考值　附表 3.1.3

节能水平及规定性指标限值			50%, $R_i=0.11$, $R_e=0.04$, $\sum R=1.1$					
其余材料热阻和($m^2\cdot K/W$)			钢筋混凝土板 80mm + 空气层 + 罩面层, $R=0.342$			钢筋混凝土板 120mm + 空气层 + 罩面层, $R=0.409$		
体形系数			0.55	0.62	0.68	0.55	0.62	0.68
窗墙比			0.7			0.7		
规定性指标增幅			1	1.16	1.32	1	1.16	1.32
序号	保温材料代号	导热系数[W/(m·K)]	保温材料厚度(mm)选择					
1	WC	0.05	38	44	50	35	40	46
2	WM	0.039	30	34	39	27	31	36
3	WPB	0.062	47	55	62	43	50	57
4	WPJ	0.024	18	21	24	17	19	22
5	WS	0.032	24	28	32	22	26	29
6	WX	0.03	23	26	30	21	24	27
7	WYF	0.024	18	21	24	17	19	22
8	WYP	0.024	18	21	24	17	19	22

按 Z-65 规定性指标取值并考虑窗墙比、体形系数超标修正的保温材料厚度参考值 附表 3.1.4

节能水平及规定性指标限值			65%, $R_i=0.11$, $R_e=0.04$, $\Sigma R=1.52$																	
其余材料热阻和($m^2 \cdot K/W$)			钢筋混凝土板 80mm + 空气层 + 罩面层, $R=0.342$									钢筋混凝土板 120mm + 空气层 + 罩面层, $R=0.409$								
体形系数			0.55	0.62	0.68	0.55	0.62	0.68	0.55	0.62	0.68	0.55	0.62	0.68	0.55	0.62	0.68	0.55	0.62	0.68
窗墙比			0.5			0.53			0.55			0.5			0.53			0.55		
规定性指标增幅			1	1.11	1.25	1.02	1.13	1.29	1.05	1.16	1.32	1	1.11	1.25	1.02	1.13	1.29	1.05	1.16	1.32
序号	保温材料代号	导热系数[W/(m·K)]	保温材料厚度(mm)选择																	
1	WC	0.05	59	65	74	60	67	76	62	68	78	56	62	69	57	63	72	58	64	73
2	WM	0.039	46	51	57	47	52	59	48	53	61	43	48	54	44	49	56	45	50	57
3	WPB	0.062	73	81	91	74	83	94	77	85	96	69	76	86	70	78	89	72	80	91
4	WPJ	0.024	28	31	35	29	32	36	30	33	37	27	30	33	27	30	34	28	31	35
5	WS	0.032	38	42	47	38	43	49	40	44	50	36	39	44	36	40	46	37	41	47
6	WX	0.03	35	39	44	36	40	46	37	41	47	33	37	42	34	38	43	35	39	44
7	WYF	0.024	28	31	35	29	32	36	30	33	37	27	30	33	27	30	34	28	31	35
8	WYP	0.024	28	31	35	29	32	36	30	33	37	27	30	33	27	30	34	28	31	35

按 S-50 规定性指标取值并考虑窗墙比、体形系数超标修正的保温材料厚度参考值 附表 3.1.5

节能水平及规定性指标限值			50%, $R_i=0.11$, $R_e=0.04$, $\sum R=0.85$																	
其余材料热阻和($m^2\cdot K/W$)			钢筋混凝土板 80mm + 空气层 + 罩面层, $R=0.342$									钢筋混凝土板 120mm + 空气层 + 罩面层, $R=0.409$								
体形系数			0.55	0.62	0.68	0.55	0.62	0.68	0.55	0.62	0.68	0.55	0.62	0.68	0.55	0.62	0.68	0.55	0.62	0.68
窗墙比			0.35			0.45			0.55			0.35			0.45			0.55		
规定性指标增幅			1	1.12	1.23	1.02	1.15	1.28	1.05	1.19	1.34	1	1.12	1.23	1.02	1.15	1.28	1.05	1.19	1.34
序号	保温材料代号	导热系数[W/(m·K)]	保温材料厚度(mm)选择																	
1	WC	0.05	25	28	31	26	29	33	27	30	34	22	25	27	22	25	28	23	26	30
2	WM	0.039	20	22	24	20	23	25	21	24	27	17	19	21	18	20	22	18	20	23
3	WPB	0.062	31	35	39	32	36	40	33	37	42	27	31	34	28	31	35	29	33	37
4	WPJ	0.024	12	14	15	12	14	16	13	15	16	11	12	13	11	12	14	11	13	14
5	WS	0.032	16	18	20	17	19	21	17	19	22	14	16	17	14	16	18	15	17	19
6	WX	0.03	15	17	19	16	18	20	16	18	20	13	15	16	13	15	17	14	16	18
7	WYF	0.024	12	14	15	12	14	16	13	15	16	11	12	13	11	12	14	11	13	14
8	WYP	0.024	12	14	15	12	14	16	13	15	16	11	12	13	11	12	14	11	13	14

按 S-65 规定性指标取值并考虑窗墙比、体形系数超标修正的保温材料厚度参考值 附表 3.1.6

节能水平及规定性指标限值			65%, $R_i=0.11$, $R_e=0.04$, $\sum R=1.52$																	
其余材料热阻和($m^2 \cdot K/W$)			钢筋混凝土板 80mm + 空气层 + 罩面层, $R=0.342$									钢筋混凝土板 120mm + 空气层 + 罩面层, $R=0.409$								
体形系数			0.55	0.62	0.68	0.55	0.62	0.68	0.55	0.62	0.68	0.55	0.62	0.68	0.55	0.62	0.68	0.55	0.62	0.68
窗墙比			0.5			0.53			0.55			0.5			0.53			0.55		
规定性指标增幅			1	1.09	1.19	1.01	1.11	1.22	1.02	1.12	1.23	1	1.09	1.19	1.01	1.11	1.22	1.02	1.12	1.23
序号	保温材料代号	导热系数[W/(m·K)]	保温材料厚度(mm)选择																	
1	WC	0.05	59	64	70	59	65	72	60	66	72	56	61	66	56	62	68	57	62	68
2	WM	0.039	46	50	55	46	51	56	47	51	57	43	47	52	44	48	53	44	49	53
3	WPB	0.062	73	80	87	74	81	89	74	82	90	69	75	82	70	76	84	70	77	85
4	WPJ	0.024	28	31	34	29	31	34	29	32	35	27	29	32	27	30	33	27	30	33
5	WS	0.032	38	41	45	38	42	46	38	42	46	36	39	42	36	39	43	36	40	44
6	WX	0.03	35	39	42	36	39	43	36	40	43	33	36	40	34	37	41	34	37	41
7	WYF	0.024	28	31	34	29	31	34	29	32	35	27	29	32	27	30	33	27	30	33
8	WYP	0.024	28	31	34	29	31	34	29	32	35	27	29	32	27	30	33	27	30	33

按 A-50 规定性指标取值并考虑窗墙比、体形系数超标修正的保温材料厚度参考值 附表 3.1.7

节能水平及规定性指标限值			50%, $R_i=0.11$, $R_e=0.04$, $\sum R=1.1$																	
其余材料热阻和($m^2 \cdot K/W$)			钢筋混凝土板 80mm + 空气层 + 罩面层, $R=0.342$									钢筋混凝土板 120mm + 空气层 + 罩面层, $R=0.409$								
体形系数			0.55	0.62	0.68	0.55	0.62	0.68	0.55	0.62	0.68	0.55	0.62	0.68	0.55	0.62	0.68	0.55	0.62	0.68
窗墙比			0.5			0.53			0.55			0.5			0.53			0.55		
规定性指标增幅			1	1.14	1.29	1.01	1.17	1.31	1.02	1.18	1.33	1	1.14	1.29	1.01	1.17	1.31	1.02	1.18	1.33
序号	保温材料代号	导热系数[W/(m·K)]	保温材料厚度(mm)选择																	
1	WC	0.05	38	43	49	38	44	50	39	45	50	35	39	45	35	40	45	35	41	46
2	WM	0.039	30	34	38	30	35	39	30	35	39	27	31	35	27	32	35	27	32	36
3	WPB	0.062	47	54	61	47	55	62	48	55	63	43	49	55	43	50	56	44	51	57
4	WPJ	0.024	18	21	23	18	21	24	19	21	24	17	19	21	17	19	22	17	20	22
5	WS	0.032	24	28	31	24	28	32	25	29	32	22	25	29	22	26	29	23	26	29
6	WX	0.03	23	26	29	23	27	30	23	27	30	21	24	27	21	24	27	21	24	28
7	WYF	0.024	18	21	23	18	21	24	19	21	24	17	19	21	17	19	22	17	20	22
8	WYP	0.024	18	21	23	18	21	24	19	21	24	17	19	21	17	19	22	17	20	22

按 A-65 规定性指标取值并考虑窗墙比、体形系数超标修正的保温材料厚度参考值　　附表 3.1.8

节能水平及规定性指标限值			65%, $R_i = 0.11$, $R_e = 0.04$, $\sum R = 1.52$																	
其余材料热阻和($m^2 \cdot K/W$)			钢筋混凝土板 80mm + 空气层 + 罩面层, $R = 0.342$									钢筋混凝土板 120mm + 空气层 + 罩面层, $R = 0.409$								
体形系数			0.55	0.62	0.68	0.55	0.62	0.68	0.55	0.62	0.68	0.55	0.62	0.68	0.55	0.62	0.68	0.55	0.62	0.68
窗墙比			0.45			0.5			0.55			0.45			0.5			0.55		
体形系数及窗墙比超标情况下的保温材料厚度增幅			1	1.12	1.23	1.02	1.14	1.26	1.05	1.17	1.29	1	1.12	1.23	1.02	1.14	1.26	1.05	1.17	1.29
序号	保温材料代号	导热系数[W/(m·K)]	保温材料厚度(mm)选择																	
1	WC	0.05	59	66	72	60	67	74	62	69	76	56	62	68	57	63	70	58	65	72
2	WM	0.039	46	51	57	47	52	58	48	54	59	43	49	53	44	49	55	45	51	56
3	WPB	0.062	73	82	90	74	83	92	77	85	94	69	77	85	70	79	87	72	81	89
4	WPJ	0.024	28	32	35	29	32	36	30	33	36	27	30	33	27	30	34	28	31	34
5	WS	0.032	38	42	46	38	43	47	40	44	49	36	40	44	36	41	45	37	42	46
6	WX	0.03	35	40	43	36	40	45	37	41	46	33	37	41	34	38	42	35	39	43
7	WYF	0.024	28	32	35	29	32	36	30	33	36	27	30	33	27	30	34	28	31	34
8	WYP	0.024	28	32	35	29	32	36	30	33	36	27	30	33	27	30	34	28	31	34

4 门窗节能改造

4.1 概述

4.1.1 外窗的节能改造措施

外窗是建筑外围护结构的开口部位之一,是建筑的"眼睛",它在建筑与环境的协调上担负着人与自然、户内与户外既沟通又分离的多重实用功能。外窗还具有保温、隔热、隔声、遮阳、防雨等功能。在既有居住建筑中,通过热工性能较差的门窗所损失的能耗占到外围护结构热损失的40%~50%。外窗是建筑物热交换、热传导最活跃和最敏感的部位,也是建筑物保温、隔热、隔声最薄弱的部位。窗户不仅有其他围护构件所共有的温差传热问题,还有通过窗户缝隙的空气渗透传热、通过玻璃的太阳辐射传热等问题,是节能改造的重点部位。

外窗的传热系数和气密性对于自身保温性能的优劣起着决定性作用。大多农村住宅的窗户这两个指标都较小,造成大量热量散失。为了满足其使用功能及保温性能,减少能源消耗,主要从玻璃传热系数、气密性、窗墙比等几方面来考虑。

确定合理的窗墙比,有利于夏季通风和冬季保温,节约能耗。确定窗墙(面积)比的基本原则是,依据这一地区不同朝向墙面冬、夏日照情况(日照时间长短、太阳总辐射强度、阳光入射角大小),冬、夏季季风影响,室外空气温度,室内采光设计标准以及开窗面积与建筑能耗所占比率等因素来综合考虑。一般普通窗户(包括阳台门透明部分)的保温隔热性能和外墙相比要差得多,尤其在夏季白天,大量的太阳辐射热通过窗户进入室内。因此采暖和空调能耗也因为窗墙(面积)比的增大而增大,控制窗墙(面积)比将有助于减少建筑能耗。

外窗的节能改造主要包括整窗替换、微中空改造和加窗改造等。加窗改造因最大限度地发挥了原有外窗的热工价值,且对原门窗洞口防水做法无实质性扰动,当原外窗保存完好且窗洞宽度符合加窗条件时,建议采用加窗改造。

1)整窗替换

在既有农宅的外窗改造时,将保温能力差、密封性能不好的单层外窗直接更换为保温性能好的节能型外窗,是一种简单易行的操作。窗框材料宜选择导热系数小、保温效果好的复合窗框。玻璃宜采用双层中空玻璃,宜采用常用的平开窗或推拉窗。外墙与外窗的改造可同时进行,以便窗洞口的构造处理以及缩短工期。

2)微中空改造

对于拆除不便的外窗,可进行微中空改造,即在原有玻璃外(内)侧粘贴一块新的玻璃,中间为空气隔层。这种改造方式具有工程量小、造价低等优点。

3)加窗改造

对于保存较好的原外窗可进行加窗改造,即不拆除原外窗,直接在原外窗内(外)增加一樘窗户,使其达到节能保温要求。

4)其他方法

当外窗热工需求不高时,可将透明、低辐射薄膜贴在既有外窗玻璃上,降低玻璃的传热系数和热吸收效率,降低能耗。

4.1.2 外门的节能改造措施

外门的节能改造主要包括整门替换、附加门斗、增设保温门帘等。附加门斗因最大限度地发挥了原有外门的热工价值,对原门窗洞口防水做法无实质性扰动,且具有一定的外观提升功能,故推荐采用。另外,附加门斗形成的过渡空间可有效防止人员进出造成的冷热风交替,是冬季农宅室内保温的常见做法。

4.2 门窗种类及性能要求

4.2.1 建筑门窗物理指标及热工性能规范要求

1)建筑门窗物理指标

建筑门窗主要有三大物理性能,即气密性能、水密性能和抗风压性能。其性能分级根据《建筑外门窗气密、水密、抗风压性能分级及检测方法》(GB/T 7106—2008)第4条规定进行。

(1)气密性能

气密性能采用在标准状态下,压力差为10Pa时的单位开启缝长空气渗透量 q_1 和单位面积空气渗透量 q_2 作为分级指标。分级指标绝对值 q_1 和 q_2 见表4.1。

建筑外门窗气密性分级表(引自规范 GB/T 7106—2008 表 1) 表4.1

分级	1	2	3	4
q_1[$m^3/(m\cdot h)$]	$4.0\geq q_1>3.5$	$3.5\geq q_1>3.0$	$3.0\geq q_1>2.5$	$2.0<q_1\leq 2.5$
q_2[$m^3/(m\cdot h)$]	$12\geq q_2>10.5$	$10.5\geq q_2>9.0$	$9.0\geq q_2>7.5$	$7.5\geq q_2>6.0$
分级	5	6	7	8
q_1[$m^3/(m\cdot h)$]	$2.0\geq q_1>1.5$	$15\geq q_1>1.0$	$1.0\geq q_1>0.5$	$q_1\leq 0.5$
q_2[$m^3/(m\cdot h)$]	$6.0\geq q_2>4.5$	$4.5\geq q_2>3.0$	$3.0\geq q_2>1.5$	$q_2\leq 1.5$

(2)水密性能

水密性能采用严重渗漏压力差值的前一级压力差值 Δp 作为分级指标，见表 4.2。

建筑外门窗水密性能分级表(Pa)(引自规范 GB/T 7106—2008 表 2) 表 4.2

分级	1	2	3
分级指标 Δp	$100 \leqslant \Delta p < 150$	$150 \leqslant \Delta p < 250$	$250 \leqslant \Delta p < 350$
分级	4	5	6
分级指标 Δp	$350 \leqslant \Delta p < 500$	$500 \leqslant \Delta p < 700$	$\Delta p \geqslant 700$

注：第 6 级应在分级后同时注明具体检测压力差值。

(3)抗风压性能

抗风压性能采用定级检测压力差值 p_3 为分级指标，见表 4.3。

建筑外门窗抗风压性能分级表(kPa)(引自规范 GB/T 7106—2008 表 3) 表 4.3

分级	1	2	3
分级指标值 p_3	$1.0 \leqslant p_3 < 1.5$	$1.5 \leqslant p_3 < 2.0$	$2.0 \leqslant p_3 < 2.5$
分级	4	5	6
分级指标值 p_3	$2.5 \leqslant p_3 < 3.0$	$3.0 \leqslant p_3 < 3.5$	$3.5 \leqslant p_3 < 4.0$
分级	7	8	9
分级指标值 p_3	$4.0 \leqslant p_3 < 4.5$	$4.5 \leqslant p_3 < 5.0$	$p_3 \geqslant 1.5$

注：第 9 级应在分级后同时注明具体检测压力差值。

2)建筑门窗热工性能要求

建筑门窗热工性能具体要求见表4.4～表4.7。

江苏省住宅 J-50 与 J-65 标准对比(外门窗) 表4.4

主要指标	规范代号			
	J-50		J-65	
限值要求	低要求	高要求	低要求	高要求
整窗传热系数	3.2	2.0	2.4	1.8
说明	传热系数限值与朝向、窗墙比、外遮阳等因素有关		传热系数限值与朝向、窗墙比、外遮阳等因素有关	
遮阳系数	无要求	0.30	无要求	0.20
说明	遮阳系数限值与朝向、窗墙比等因素有关		遮阳系数限值与朝向、窗墙比等因素有关	
户门	3.0(封闭式楼梯间);1.7(非封闭式楼梯间)		1.4	

浙江省住宅 Z-50 与 Z-65 标准对比(外窗) 表4.5

主要指标	规范代号			
	Z-50		Z-65	
限值要求	低要求	高要求	低要求	高要求
整窗传热系数	无要求	2.5	2.8	1.9
说明	传热系数限值与朝向、窗墙比、外遮阳等因素有关		传热系数限值与体形系数、窗墙比、外遮阳等因素有关	
遮阳系数	无要求	无要求	无要求	0.25
说明	—		遮阳系数限值与朝向、窗墙比等因素有关	
户门	3.0		2.5(通往封闭空间); 2.0(通往非封闭空间或户外)	

上海市住宅 **S-50** 与 **S-65** 标准对比(外窗)　　表 4.6

主要指标	规范代号			
	S-50		S-65	
限值要求	低要求	高要求	低要求	高要求
整窗传热系数	4.7	无要求	2.2	1.8
说明	—		传热系数限值与窗墙比等因素有关	
遮阳系数	无要求	无要求	无要求	0.25
说明	—		遮阳系数限值与朝向、窗墙比等因素有关	
户门	3.0		2.0	

安徽省住宅 **A-50** 与 **A-65** 标准对比(外窗)　　表 4.7

主要指标	规范代号			
	A-50		A-65	
限值要求	低要求	高要求	低要求	高要求
整窗传热系数	无要求	2.5	4.0	2.3
说明	传热系数限值与朝向、窗墙比、外遮阳等因素有关		传热系数限值与体形系数、窗墙比等因素有关	
遮阳系数	无要求	无要求	无要求	0.25
说明	—		遮阳系数限值与朝向、窗墙比等因素有关,低要求为窗墙比较小的区域,高要求为窗墙比较大的区域	
户门	3.0		3.0(通往封闭空间); 2.0(通往非封闭空间或户外)	

4.2.2 建筑门窗种类及各项性能指标

按门窗框料材质分,常见的有木、钢、彩色钢板、不锈钢、铝合金、塑料(含钢衬或铝衬)、玻璃钢以及复合材料(如:铝木、塑木)等多种材质的门窗。

潮湿房间不宜使用木门及用胶合板或纤维板材料制作的木门、空腹钢门窗。铝合金门窗具有质轻、不易变形、密封性较好、美观等特点,是目前常用的门窗之一,但不适用于强腐蚀环境。铝合金门窗主型材截面主要受力部位基材最小实测壁厚,外门不应小于2.0mm,外窗不应小于1.4mm。塑料门窗具有美观、密闭性好、保温性好、耐腐蚀等优点,尤其适用于沿海地区、潮湿房间及寒冷和严寒地区,但其线性膨胀系数较大,在大洞口外窗中使用时,应采用分樘组合等措施,以防止变形。有节能要求的门窗宜选用塑料、断热金属型材(铝、钢)或复合型材(铝塑、铝木、钢木)等框料的门窗。常用不同材质窗框、玻璃的整窗 K 值计算表见附表4.1、附表4.2。

4.3 施工工艺及节点要求

在进行窗户安装前,应完成墙体—窗口节点的施工,其构造详图见附录 D 的 D.1。

4.3.1 整窗替换

考虑到保温节能的要求,本章仅介绍断桥窗的施工,断桥窗整窗拆除替换施工工艺流程如图 4.1 所示。

准备工作

在外窗拆除工作开始前,外窗安装负责人需对安装工人进行全面的安全、技术交底。使安装人员掌握外窗拆除施工中应

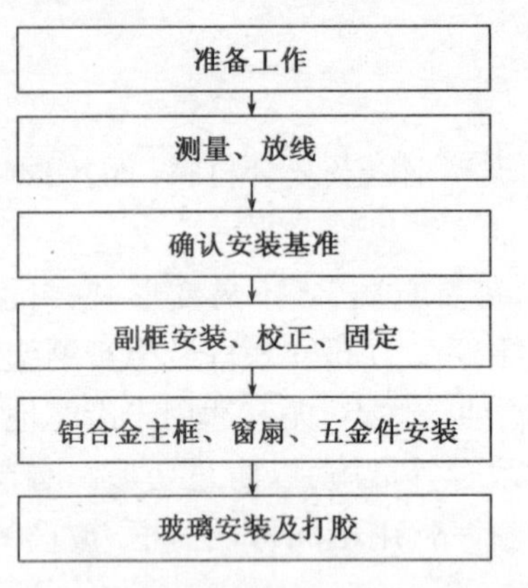

图 4.1　断桥窗整窗拆除替换施工工艺流程图

注意的各种事项。

(1)外窗扇拆除

采用螺丝刀、手锤等工具将窗扇卸掉，拆卸过程中，一人拆卸，一人负责外窗的稳定。拆除后要轻放，严禁高空推倒。

(2)外窗框架拆除

用刀片把外窗框内侧的密封胶等切开，若外窗采用膨胀螺栓与墙体连接，可直接用螺丝刀把膨胀螺栓取下；膨胀螺栓生锈时，可用冲击钻打碎；若外窗采用连接片连接，可直接使用冲击钻。

(3)外窗洞口清理修复

外窗拆卸完成后，需复核洞口尺寸是否正确、是否做到横平竖直，对不符合要求的洞口进行处理。

测量、放线

根据安装标高控制线及平面中心位置线测出每个窗洞口的平面位置、标高及洞口尺寸等偏差。要求洞口宽度、高度允差±10mm，洞口垂直水平度偏差全长最大不超过10mm。否则应在窗副框安装前对超差洞口进行修补。

确认安装基准

根据实测的窗洞口偏差值，进行数理统计，根据统计结果最终确定每个窗子安装的平面位置及标高。

(1)窗安装平面位置的确定

根据每层同一部位窗洞口平面位置偏差统计数据，求得该部位窗子平面位置偏差值的平均数 V_1(本值有方向)；然后统计出窗洞口中心线位置偏差出现概率最大的偏差值 Q_1。

当出现概率最大的偏差值 Q_1 的出现概率小于50%时，窗子安装平面位置为窗洞中心线理论位置加上窗洞平面位置偏差

值的平均数 V_1；当出现概率最大的偏差值 Q_1 的出现概率大于50%时，窗子安装平面位置为窗洞中心线理论位置加上出现概率最大的偏差值 Q_1。

(2)窗安装标高的确定

由窗标高控制线测出窗洞上口的标高偏差值 A。根据本楼层所有窗子标高偏差值求得偏差值平均数 V_2(本值有方向)及出现概率最大的偏差值 Q_2。当出现概率最大的偏差值 Q_2 的出现概率小于50%时，本楼层窗子的安装标高为窗洞理论位置标高加上窗洞标高偏差值的平均数 V_2；当出现概率最大的偏差值 Q_2 的出现概率大于50%时，本楼层窗子的安装标高为窗洞理论位置标高加上出现概率最大的偏差值 Q_2。

副框安装、校正、固定

(1)副框在外墙保温及室内抹灰施工前进行。按照作业计划，将即将安装的钢副框运到指定位置，同时注意其表面的保护。

(2)将固定片镶入组装好的钢副框，四角各一对，距端部50～100mm。严格按照图纸设计安装点采用膨胀螺栓和固定片安装。固定片按不同安装位置及工程要求分别选用150×20×1.5及75×20×1.5两种规格。

(3)将副框放入洞口，按照调整后的安装基准线准确安装副框，按照规范要求将副框找正。将副框与主体结构用固定片和膨胀螺栓连接，安装点间距为500mm(洞口高1950mm的窗子侧面副框均匀设置4个膨胀螺栓固定；窗洞口高1500mm侧面副框中间位置为膨胀螺栓，上下两端为固定片，安装点间距控制在700mm以内)。根据所用位置不同，膨胀螺栓可选用M6×100及M6×80两种规格，保证进入结构墙体的长度不小于50mm。安装就位后，在膨胀螺栓钉帽处将膨胀螺栓与钢副框点焊连接，以防止膨胀螺栓在外力作用下松动，并及时对膨胀螺栓钉帽焊缝用防锈漆进行防锈处理。

(4)副框下部用水泥砂浆固定，固定点间距约500mm。

(5)副框与墙体间缝隙用1:2.5水泥砂浆封堵，要求100%填充。

铝合金主框、窗扇、五金件安装

(1)铝合金主框在外保温层施工完毕、外墙涂料施工前进行安装。窗扇随着铝合金主框一起安装。窗扇可以在地面组装好,也可以在主框安装完毕验收后再行安装。

(2)根据钢副框的分格尺寸找出中心,确定上下左右位置,由中心向两边按分格尺寸安装窗的主框。铝合金主框内侧(朝向室内一侧)与钢副框内侧齐平。铝合金主框外侧(朝向室外一侧)超出钢副框部位下打发泡剂,目的是使发泡剂与铝合金主框、钢副框、外窗台很好的黏结,以有效防止该部位出现渗漏。

(3)用垂直升降设备将窗框、窗扇、玻璃先后运输到需安装的各楼层,由工人运到安装部位。

(4)现场安装时应先对清图号、窗框号,以确认安装位置。安装工作由顶部开始向下安装。

(5)上墙前对组装的铝合金窗进行复查,如发现有组装不合格者,或有严重碰、划伤者,缺少附件等应及时加以处理。

(6)将主框放入洞口,严格按照设计安装点将主框通过安装螺母调整。

(7)用调整螺钉将主框与副框连接牢固,每组调整螺母与调整螺钉的间距为350mm。

(8)铝合金主框安装完毕后,根据图纸要求安装窗扇。保证主框与窗扇配合紧密、间隙均匀,窗扇与主框的搭接宽度允许偏差±1mm。

玻璃安装及打胶

(1)固定窗玻璃,须在副框抹灰养护后施工,严格按照规范要求用调整垫块将玻璃调整垫好。

(2)安装前将合页调整好,控制玻璃两侧预留间隙基本一致,然后安装扣条。安装玻璃时在玻璃上下用塑料垫块塞紧,防止窗扇变形。装配后应保证玻璃与镶嵌槽间隙,并在主要部位装有减震垫块,使其能缓冲启闭力的冲击。

(3)注发泡剂、塞海绵棒、打胶等密封工作在保温面层及主框施工完毕后外墙涂料施工前进行。

(4)采用压缩空气清理窗框周边预留槽内的所有垃圾,然后向槽内打发泡剂,并使发泡剂自然溢出槽口。将海绵棒塞入槽内准确位置,然后将基层表面尘土、杂物等清理干净,放好保护胶带后进行打胶。注胶完成后将保护纸撕掉,擦净窗主框、窗台表面(必要时可以用溶剂擦拭)。注胶后注意保养,胶在完全固化前不要粘灰,不要碰伤胶缝。

4.3.2 微中空玻璃改造

1)基本要求

(1)既有外窗玻璃微中空改造前应对既有外窗的玻璃设计施工图进行核对,并应对既有外窗幕墙的玻璃框架进行复测,按实测结果进行加工。

(2)采用的材料应符合现行国家标准的有关规定及设计要求。尚无相应标准的材料应符合设计要求,并应有出厂合格证。

(3)低辐射镀膜玻璃应根据镀膜材料的黏结性能和其他技术要求,确定加工制作工艺。镀膜与硅酮结构密封胶不相容时,应除去镀膜层。

(4)既有外窗玻璃微中空改造前,应测量既有外窗玻璃框架实际尺寸,根据玻璃框架的尺寸和设计构造尺寸,确定玻璃的尺寸。玻璃框架测量尺寸应准确,考虑到既有外窗在使用后可能产生变形,应分别测量既有外窗玻璃框架的4条直角边及2条对角线。

2)间隔框组件

使用玻璃暖边间隔条制作间隔框时,宽度应≥3mm。间隔框的厚度应根据既有外窗幕墙的结构以及热工性能要求确定,材料的选用应符合下列要求:

(1)间隔框的厚度为2~5mm时,宜使用玻璃暖边间隔条。

(2)间隔框的厚度大于5mm时,可使用铝间隔条、不锈钢间隔条、复合材料间隔条等。

(3)使用插角型间隔框长度允许偏差为0.5mm。

(4)使用的第一道胶应为丁基胶,宜制作成直径为2.5mm的条状,便于现场施工。

(5)硅酮结构胶的黏结宽度应参照既有玻璃短边最大长度确定,黏结宽度选用应符合下列要求:短边最大长度L小于800mm时,应符合表4.8的规定;短边最大长度L大于800mm的玻璃安装尺寸应符合表4.9的规定,玻璃的安装结构见附录D的D.3。

硅酮结构胶的黏结宽度 表4.8

复合玻璃	玻璃与窗框的间隙 a	硅酮结构胶的密封宽度 b
单片玻璃 夹层玻璃	≥3mm	≥3mm

硅酮结构胶的黏结宽度 表4.9

复合玻璃	玻璃与窗框的间隙 a	硅酮结构胶的密封宽度 b	玻璃与窗框的黏结宽度 c
单片玻璃 夹层玻璃	≥3mm	≥3mm	≥3mm

(6)有隔声要求的改造项目,应首先改善外窗的密封性能,可采用更换密封胶条、密封胶以及更换开启扇窗配件等方法。

3)安装

安装玻璃时应准备与玻璃尺寸大小相当的工作台面。安装玻璃的步骤应按如下要求进行:

(1)将玻璃搬运至工作台面,搬运过程中应处于垂直状态,将玻璃平放在台面上,贴有PE保护膜镀膜的面朝下放置。在玻璃的另一面四边布美纹纸,美纹纸要平直,距离边部2~3mm。

(2)将玻璃翻面,贴有PE保护膜镀膜的面朝上放置。沿玻璃边部掀起并裁剪PE保护膜,暴露出膜面宽度为8~10mm。

(3)露出膜面应用酒精或丙酮擦拭干净,再用干燥的无尘布擦拭一遍,以便安装间隔框。

(4)使用暖边间隔条制作间隔框时,应用专用工具避免暖边间隔条变形。间隔框与玻璃边部间距≥3mm,间距应均匀,偏差不得大于1mm。角部交接时剪成45°或交叉层叠,接口应密实平整,不得有凹凸状。使用铝间隔条、不锈钢间隔条、复合材料间隔条作为间隔框时,先将条状的丁基胶安装在间隔框的两侧,然后,使用靠尺定位将间隔框安装在玻璃上。

(5)安装间隔框时应佩戴手指套,避免用手直接接触间隔框和玻璃,防止汗液污染玻璃暖边间隔条、丁基胶和膜面,影响其密封性能和膜面质量。

(6)将玻璃竖起,然后将吸盘放置于玻璃面中间部位吸紧玻璃。确保吸盘将玻璃吸住。玻璃尺寸较大时可用多个吸盘,将PE膜从上到下慢慢撕掉,距膜面600mm,以不同角度透光观察,检查膜面是否有脱膜、掉渣、划伤等质量缺陷。

(7)安装支撑块和定位块,支撑块和定位块宜涂覆硅酮结构胶,以利于固定,支撑块的长度不得小于15mm,定位块长度不得小于10mm。

(8)支撑块和定位块的安装位置应距离窗角1/4边长位置处。

(9)将玻璃贴合到对应的玻璃框架处,贴合时玻璃底部的支撑块先于玻璃窗框接触,确保玻璃与既有建筑玻璃边部对齐,使玻璃处于玻璃窗框的正中间,玻璃四边与玻璃窗框之间的间隙应为3~6mm。

(10)由下往上轻压玻璃的边部,将间隔框与既有窗玻璃逐渐贴合,当压合到玻璃的顶部时,使用空气层厚度测量仪测量空气层的厚度,中间的空气层厚度比边部小1~1.5mm,宜轻压玻璃的中部,调整中间气体层的厚度;然后,压合玻璃的顶部,使组件成为密闭的空间,便于后续压紧胶条时,保证中间的空气层厚度符合设计值。

(11)玻璃贴合后,用带加热装置的压板,通过加热预先使丁基胶或玻璃暖边间隔条软化,再将压板靠近玻璃框架均匀用力挤压玻璃,并保持5~10s,使丁基胶或玻璃暖边间隔条与玻璃紧密接触,形成密闭空间,压合后保证丁基胶或玻璃暖边间隔条玻璃完全贴合。

(12)对于外窗在压合时,应将外窗关好,借助玻璃框架的支撑,减少玻璃框架及玻璃的变形;在压合过程中应均匀施加力,压板中间受力,不得两端或局部受力,避免压裂玻璃。

(13)玻璃压合后,应使用空气层厚度测量仪测量空气层的厚度,测量点应位于玻璃边的中部、距边15mm处,确保在要求的范围内。

(14)玻璃压合后四边打硅酮结构胶,打胶应分两次进行:第一次,打满贴合玻璃与既有外窗之间的空间;第二次,打满贴合玻璃与窗框之间的空间。涂胶过程中,不得存在空洞、气泡现象。

(15)注胶以后3d内,短边长度大于800mm的玻璃应采用临时措施固定玻璃,在此期间,应不得清洁玻璃或开窗,3d后,可拆除固定装置。

(16)施工中外窗及其构件表面的黏附物应及时清除。玻璃注胶以后3d内,不得按压和擦拭玻璃。

4.3.3 加窗改造

加窗改造的施工工艺流程如图4.2所示。节点构造示意图见附录D的D.2。加窗改造的工艺与整窗替换类似,主要区别在于无拆除工艺需求以及加窗位置的确定,此处不再赘述。

4.3.4 整门替换

1)木门替换施工工艺流程及施工控制要点

木门拆除替换的施工工艺流程如图4.3所示。施工时应注意:掌握好抹灰层的厚度,保证抹灰层水平;砌筑时门洞口尺寸预留准确,砌筑时拉线不宜偏位较多;满足砌筑时预留的木砖数量、间距的要求,并且安装要牢固;安装时螺钉应钉入1/3、拧入2/3,拧时不能倾斜;安装时如遇木节,应在木节处钻眼,重新塞入木塞后再拧螺钉,同时应注意每个孔眼都拧好螺钉,不可遗漏;选用合适的五金,确保门扇安装的两个合页轴在同一条直线上,螺钉安装要平直;选用合适的合页,并将固定合页的螺钉全部拧上,并使其牢固。木门的节点构造详见附录D的D.5。

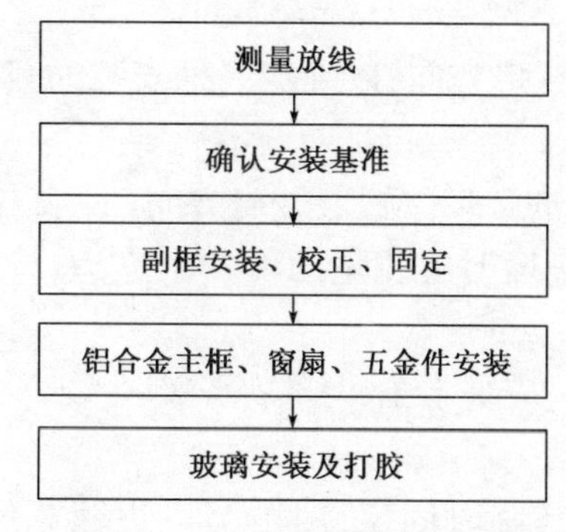

图 4.2 加窗改造的施工工艺流程

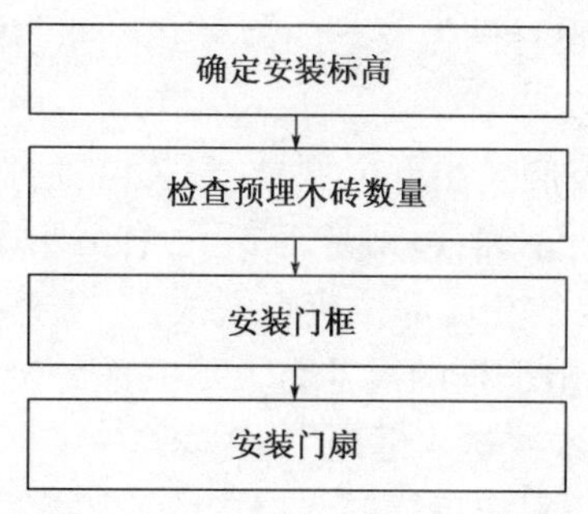

图 4.3 木门拆除替换的施工工艺流程

确定安装标高

检查门洞口尺寸、标高，外门框应根据图纸位置和标高安装，弹出门框安装位置。

检查预埋木砖数量

为保证安装的牢固，应提前检查预埋木砖数量是否满足，1.2m 高的门口，每边预埋 2 块木砖，1.2 ~ 2m 高的门口，每边预埋 3 块木砖，2 ~ 3m 高的门口，每边预埋 4 块木砖，每块木砖上应钉 2 根长 10cm 的钉子，将钉帽砸扁，钉入墙内。

采用预埋带木砖的混凝土块与门框进行连接的轻质隔断墙，其混凝土块预埋的数量，亦应根据门口高度设 2 块、3 块、4 块，用钉子使其与门框钉牢。

若隔墙为加气混凝土条板时，应按要求的木砖间距钻 ϕ30mm 的孔，孔深 7 ~ 10cm，并在孔内预埋木橛粘 107 胶水泥浆打入孔中（木橛直径应略大于孔径 5mm，以便其打入牢固），待其凝固后，再安装门框。

安装门框

用垂直检测尺校正门框的正、侧面垂直度，用水平尺校正冒头的水平度。用砸扁钉帽的铁钉将门框钉牢在防腐木砖上。

钉帽要冲入木门框内 1 ~ 2mm，每块防腐木砖要钉两处以上。

门框的安装必须符合设计图纸要求的型号和尺寸，并注意门扇的开启方向，以确定门框安装的裁口方向。

安装门扇

(1)先确定门的开启方向及小五金型号、安装位置，对开门扇扇口的裁口位置及开启方向(一般右扇为盖口扇)。

(2)检查门口尺寸是否正确；边角是否方正，有无窜角，检查门口高度时应测量门的两个立边，检查门口宽度时应测量门口的上、中、下三点，并在扇的相应部位定点划线。

(3)门扇较大时，则应根据框的尺寸将大出的部分刨去；门扇较小，应绑木条，且木条应绑在装合页的一面，用胶粘后并用钉子打牢，钉帽要砸扁，顺木纹送入框内 1 ~ 2mm。

(4)第一次修刨后的门扇应以能塞入口内为宜，塞好后用木楔顶住临时固定，门扇与口边缝宽尺寸合适，划第二次修刨线，标出合页槽的位置(距门扇的上下端各 1/10，且避开上、下冒头)。同时应注意口与扇安装的平整。

(5)门扇第二次修刨，缝隙尺寸合适后，即安装合页。应先用线勒子勒出合页的宽度，定出合页安装边线，分别从上、下边线往里量出合页长度，剔合页槽，以槽的深度来调整门扇安装后与框的平整，刨合页槽时应留线，不应剔的过大、过深。

(6)合页槽剔好后，即安装上、下合页，安装时应先拧一个螺钉，然后关上门检查缝隙是否合适、口与扇是否平整，无问题后方可将螺钉全部拧紧。木螺钉应钉入全长 1/3，拧入 2/3，如木门为黄花松或其他硬木时，安装前应先打眼，眼的孔径为木螺钉直径的 0.9 倍，眼深为螺钉长的 2/3，打眼后再拧螺钉，以防安装劈裂或将螺钉拧断。

(7)安装对开门扇时，应将门扇的宽度用尺量好，再确定中间对口缝的裁口深度。如采用企口榫时，对口缝的裁口深度及裁口方向应满足装锁的要求，然后将四周刨到准确尺寸。

(8)五金安装应符合设计图纸的要求，不得遗漏，一般门锁、碰珠、拉手等距地高度为 95 ~ 100cm，插销应在拉手下面，对开门安装暗插销时，安装工艺同自由门。

(9)门扇开启后易碰墙，为固定门扇位置，应安装门碰头，对有特殊要求的关闭门，应安装门扇开启器。

2)钢门替换施工工艺及要点

钢门拆除替换的施工工艺流程如图4.4所示。

准备工作

(1)检查固定钢门的预埋件、位置是否正确,对于预埋和位置不准者,按钢门安装要求补装齐全。

(2)检查钢门的预留孔洞是否正确,门洞口的高、宽尺寸是否合适。未留或留的不准的孔洞应校正后剔凿好,并将其清理干净。

(3)检查钢门,对由于运输、堆放不当而导致门框与门扇出现的变形、脱焊和翘曲等,应进行校正和修理。对表面处理后需要补焊的,焊后必须用酸液洗去焊迹。

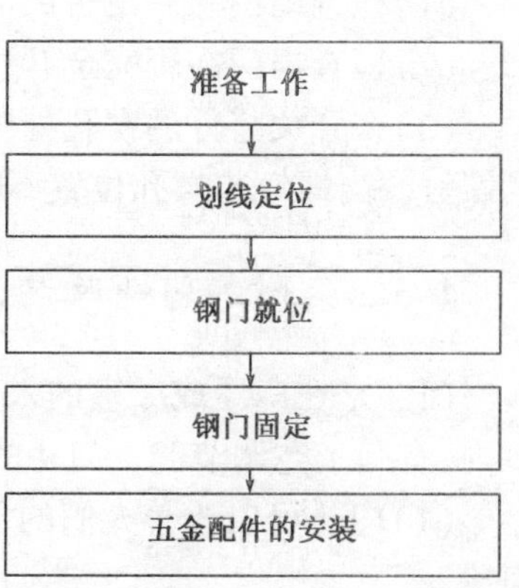

图4.4 钢门拆除替换施工工艺流程

划线定位

(1)钢门的安装位置、尺寸和标高,以门中线为准向两边量出门边线。

(2)根据钢门的边线和水平安装线做好安装标记。

钢门就位

(1)按所需尺寸要求及开启方向等,将所需要的钢门搬运到安装地点,并垫靠稳当。

(2)钢门就位时,应保证钢门上框距过梁要有20mm缝隙,框左右缝宽一致。

钢门固定

(1)钢门就位后,校正其水平和正、侧面垂直,然后将上框与过梁预埋件焊牢,将框两侧铁脚插入预留孔内,用水把预留孔内湿润,用1:2较硬的水泥砂浆或C20细石混凝土将其填实后抹平。终凝前不得碰动框扇。

(2)三天后取出四周木楔,用1:2水泥砂浆把框与墙之间的缝隙填实,与框同平面抹平。

(3)应将钢门合页焊到墙中的预埋件上。要求每侧预埋件必须在同一垂直线上,两侧对应的预埋件必须在同一水平位置上。

五金配件的安装

(1)检查扇门开启是否灵活,如有问题必须调整后再安装。

(2)检查扇门能否完全开启,如有问题必须调整闭门器。

(3)在开关零件的螺孔处配置合适的螺钉,将螺钉拧紧。当拧不进去时,检查孔内是否有多余物。若有,将其剔除后再拧紧螺钉。当螺钉与螺孔位置不吻合时,可略挪动位置,重新攻丝后再安装。

4.3.5 附加门斗改造

门斗是在房屋或厅室的入口处设置的一个必经的空间,有保温隔热的作用,可防止在打开外门时冷(或热)空气直接侵入室内,有利于空调节能。门斗的选择原则可参考表4.10,门斗的优点如下:

(1)门斗可以改善人们的居住条件,提高生活质量,在雨雪天气下、农户进出房屋时,其防风、防雨雪的作用明显大于雨篷。

(2)门斗内更便于设置信报箱、送奶箱,有利于住宅公共服务性能的拓展。

(3)门斗可以使住宅的立面造型更加独特,可以更方便地对楼号、门号进行标识,便于人们识别。

门和门斗　　表4.10

室温允许波动范围(℃)	外门和门斗	内门和门斗
≥±1.0	不宜设置外门,如有经常开启的外门,应设门斗	门两侧温差大于或等于7℃时,宜设门斗
±0.5	不应有外门,如有外门时,必须设门斗	门两侧温差大于3℃时,宜设门斗
±0.1~0.2	—	内门不宜通向室温基数不同或室温允许波动范围大于±1.0℃的邻室

防寒门斗可以减少冷风进入室内,使得冷天的时候,房间内更加舒适。防寒门斗的设置须考虑以下几方面:一是要考虑门的朝向,加设门斗时应将门斗的入口转折 90°,转为朝东,避开冬季主导风向——北风及西北风;二是应考虑门斗的尺寸,门斗后应至少有 1.2 ~ 1.8m 的空间,以便人员开关外门时作短暂停留,对于出门后有转折的门斗,尺寸上还应考虑大件家具出入的需要;三是门斗应密封良好,起到冬季避风防寒的作用;四是为满足房屋立面处理要求,起到美化衬托作用,可设有廊柱。常见门斗的节点构造详见附录 D 中的 D.4。

4.4 外窗保温的外观融合

4.4.1 外窗系统的外观现状

1) 窗框材料

农村建筑的窗框材料不同主要是由于住宅的建造时间不同以及我国不同历史阶段所采用的窗框材料不同所引起的。20 世纪 70 年代以前,基本的窗户形式是木窗。70 年代以后开始逐步推广"以钢代木",但早期的普通钢窗密封不好,保温隔热性能较差。80 年代以后铝合金窗迅速发展起来,它兼具外观秀丽、轻巧坚实、时尚潮流、装饰性好等优点。90 年代以后,在政府"积极推广 PVC 塑料门窗"的情况下,塑料门窗很快进入市场,并因其良好的保温隔热性能和装饰效果,获得了建筑商和用户的广泛欢迎。进入 21 世纪后,随着外窗保温隔热性能要求的进一步提升,断桥铝等新型节能窗框应运而生,外窗工艺进入了一个全新的"热工性能时代"。结合窗框材料的发展史,可将窗框材料分为四类,即木窗、钢窗、铝合金以及节能窗框,见图 4.5。

a)木窗　b)钢窗　c)铝合金窗　d)节能窗框

图4.5　四种窗框

2)窗洞形状

洞口是建筑空间内外的分界,又是联系内外空间的纽带,控制着两个空间的转换,是形成空间序列和节奏的关键节点。洞口既有基本层面上的物质功能性作用,又因其在建筑中的节点地位、附加的装饰效果,在精神层面上对人类产生影响。由于不同村落的文化差异、不同住户的审美差异以及中国传统五行观念的影响,窗户洞口的形状也随之不同。通过调研发现,长三角地区农村窗户形状以矩形、圆形、拱形以及菱形四种多见,如图4.6所示。

3)窗框色彩

对于附着于外墙系统上的窗系统而言,窗框色彩与外墙色彩的协调对建筑立面的整体外观有着重要影响。色彩冲突过大时会造成视觉上的突兀,色彩过于接近时建筑外立面又缺乏层次感。通过走访调研发现,不同于外墙色彩,农房的窗框色彩较为单一,除出现的极个别红色调以外,彩色系窗框比较少见,故我们对农房外窗色系采用深色系、灰色系、浅色系的划分方式,典型农户的外窗色系见图4.7。

4)窗台绿化

窗台绿化虽然不是外窗系统的必须做法,但对于农村建筑,借助地域特有的绿植进行窗台绿化可彰显浓郁的乡村气息,同时有助于提升建筑立面的整体装饰效果,净化室内空气,降低室内温度。

5)外遮阳

建筑能耗中由窗产生的损失主要来自两方面:一是因热工性能造成的传热损失;二是因太阳直接辐射引起的过度得热。要降低窗户的能耗,可从窗墙比、传热系数、遮阳系数三个指标入手,而外窗遮阳则是控制遮阳系数的最实用、最经济的技术手段之一。恰当地运用建筑外遮阳,对缓解主动式设备运行所带来的负面效应具有重大意义。目前,长三角地区农村常见的外遮阳形式有砖瓦式外遮阳、水泥板外遮阳、轻质材料外遮阳和木质外遮阳(图4.8)。

a)矩形窗　b)圆形窗　c)拱形窗　d)菱形窗

图 4.6　四种窗户形状

a)深色系

b)灰色系

c)浅色系

图4.7　三种色系窗框

a)砖瓦式外遮阳

b)水泥板外遮阳

c)轻质材料外遮阳

d)木质外遮阳

图 4.8　四种外遮阳形式

通过实地调查走访,我们对长三角地区农房的窗框材料、窗洞形状、窗框色彩、窗台绿化以及外遮阳五个方面的关键信息进行了统计(图4.9~图4.13)。统计结果表明:长三角地区农房窗框材料以铝合金为主,窗洞绝大部分为矩形,窗框颜色以深色调为主,窗台绿化少见,水泥板的固定遮阳是主要的外遮阳形式。

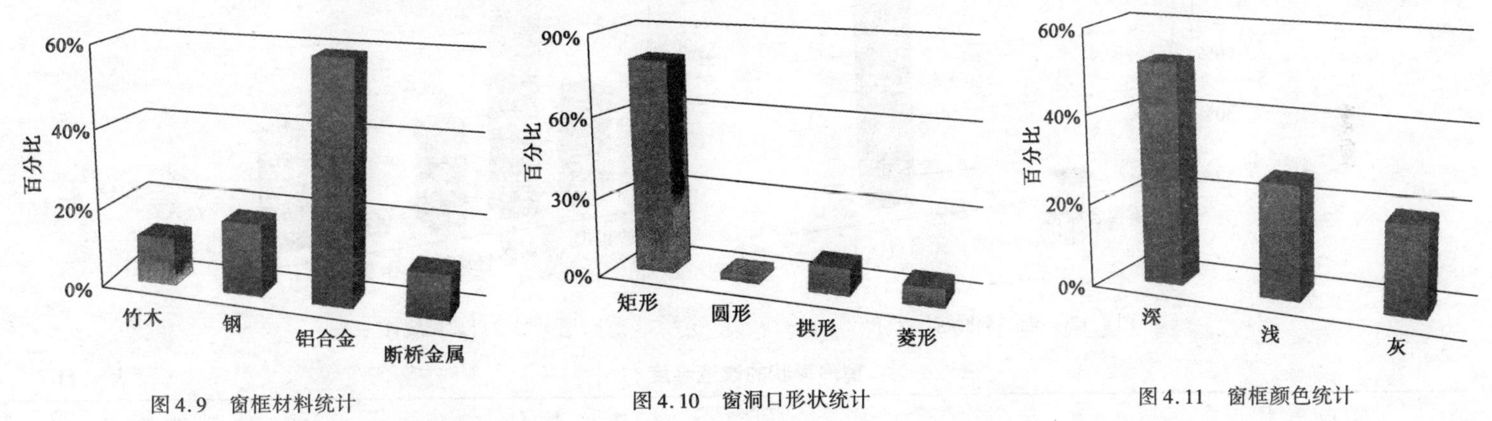

图4.9 窗框材料统计

图4.10 窗洞口形状统计

图4.11 窗框颜色统计

4.4.2 外窗系统与农房外观复原

长三角地区农房常见的窗洞形状包括矩形、拱形、圆形以及菱形。其中,矩形窗工业化程度最高,圆形窗和菱形窗因窗洞形状特殊,需特殊定制,拱形窗多见于城市别墅建筑或欧式建筑,具有一定的市场保有量。工业化程度和市场保有量决定了外窗制作时的工艺复杂程度、造价水平和改造难度,见表4.11。

不同于外墙色彩,长三角地区农房的窗框色彩较为单一,随着窗户制造工艺技术的进步,窗框色彩的还原和调整已无技术障碍。目前市面常见的窗框色彩完全可以满足农房中深色系、灰色系、浅色系窗框的色调要求,实际工程中可依据《建筑颜色的表示方法》(GB/T 18922—2008)选择适当的颜色。

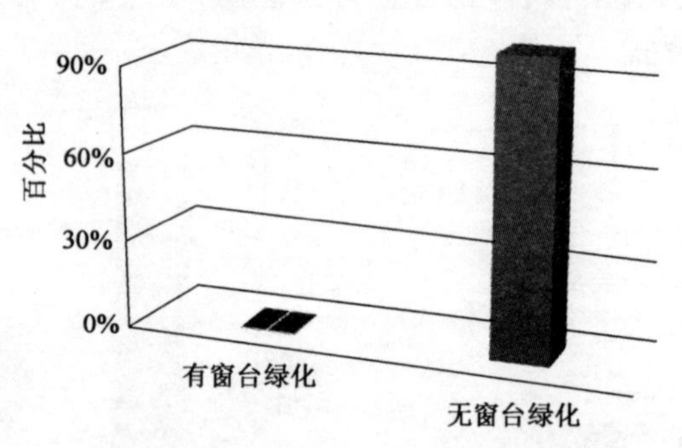

图 4.12　窗台绿化统计

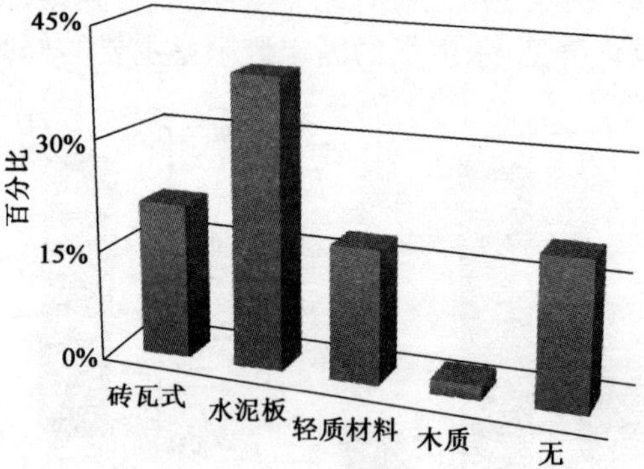

图 4.13　外遮阳统计

窗户形状的改造难度

表 4.11

窗户形状	工艺要求	造价要求	改造难度
矩形	低	低	低
圆形	高	高	高
拱形	中	中	中
菱形	高	高	高

当因农村周边环境改变或外墙外观改变,以至于窗框颜色需要调整时,可通过先进的颜色处理方法实现,常见的颜色处理方法及其可处理的颜色范围见表 4.12,其中木纹转印还可实现金属窗框的木质外观改造。

常见的型材表面颜色处理方法　　表 4.12

处理方法	可处理颜色
喷涂处理(静电粉末喷涂、氟碳喷涂)	喷涂任何颜色
木纹转印	对经过喷涂的型表面贴木纹纸,做出木材颜色
普通氧化处理	银白、香槟色、金色、黑色等
小氧化处理	处理多种颜色,还可做拉丝、抛光、光亮氧化
电泳处理	银白、仿钢、香槟色、金色、黑色等

窗台作为室内空间的延续,是住宅室内外环境相互渗透的过渡空间,同时也是室内外空气交换的通道。窗台处空气流通,阳光充足,为楼层居住者提供了一定的室外空间,人们可以在此处呼吸新鲜空气、休息、进行日光浴,也可以进行花卉的种植摆放、养鸟等小范围的活动,窗台绿化还可以作为建筑绿化的载体。窗台作为建筑立面上的重要装饰部位,一般是由混凝土、砖石材料和铝合金等材料组成,由于缺少绿色点缀显得没有生机。如果利用植物材料对建筑物的窗台进行垂直绿化,则可使窗台空间绿意盎然。另外,建筑的立面有了绿色点缀,还可以柔化建筑物的刚性线条,既美化楼房,又丰富了建筑景观。采用具有地域特色的绿植进行窗台装饰更能体现浓郁的乡村风情。

窗台的绿化对美化环境、点缀建筑立面有着重要的作用,可以在建筑上呈现一片盎然生机的景色。窗台绿化采用各种类型的植物相互搭配,应用不同的绿化方式,使建筑的刚性线条与植物的柔美姿态融为一体,或色彩绚丽、幽香袭人,或绿叶葱翠、果实累累,使人感到舒适宁静。

窗台上的绿色植物在光照条件下能进行光合作用,吸收人体呼出的二氧化碳,释放氧气。据测定,$5m^2$ 的草坪能将一位成年人呼出的二氧化碳全部吸收。另外,植物还具有过滤作用,它能将粉尘吸附在叶上,保持空气清新。还有一些绿色植物具有吸收有毒物质和杀死病菌的作用,产生有利于活跃人体代谢、增强免疫力的物质。

窗台绿化可缓解夏季阳光的强烈照射。据测定,夏季裸露窗台的光照度最高可达 10 万 lx,而窗台绿化后光照度降至

4000lx。窗台的绿化使裸露的窗台遮阳，降低太阳辐射带来的高温，同时随植物蒸腾作用加强而增加室内湿度。窗台种植槽绿化既可使室内气温平均值和最大值降低，也可使窗墙组成的围护结构内外表温度平均值和最高值减小，尤其在植物遮挡的窗玻璃下部，内表温度降低较为明显。

窗台绿化主要有两大部分组成，一是植物，二是容器。窗台的特殊环境条件决定了窗台植物装饰有一定的难度。由于窗台绿化的盆栽处于悬空状态，所以必须采取稳固的连接方式固定容器，防止盆栽意外落下造成生命财产损失。通常利用一些简易连接件，既方便安装，又牢固安全。常见的固定方法包括膨胀螺栓法、夹具连接法和套圈法，见图4.14。

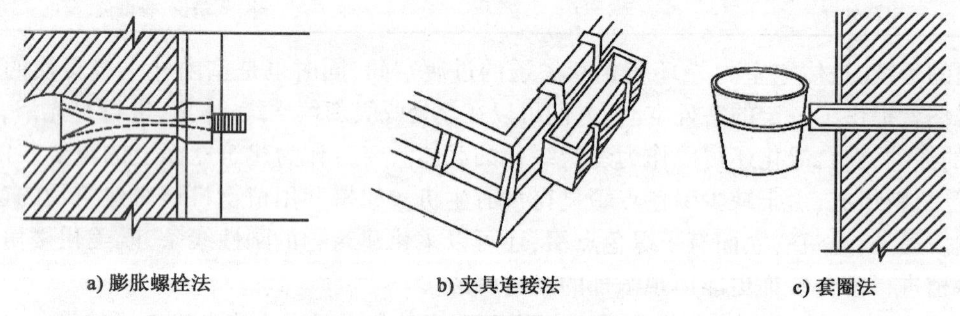
a) 膨胀螺栓法　　b) 夹具连接法　　c) 套圈法

图4.14　窗台绿化的常见固定方式

膨胀螺栓法通过窗台墙面钻倒喇叭形的连接孔，再按槽的大小选购直径为10mm左右的膨胀螺栓，放入旋紧即可。夹具连接法采用夹具连接槽与阳台栏杆或与窗台预制构件夹紧连接，夹具尺寸根据预制构件(栏杆)尺寸以及受力情况而定。套圈法可在墙内预先埋入10～15cm白铁管一段，使用时将盆架、花槽置于套圈内，旋紧止头螺丝即可。

夏季湿热地区，建筑能耗中空调的能耗占重要部分。夏季过多的太阳辐射透过窗户直接进入室内的热量和通过围护结构的辐射传热恶化室内热环境，导致室内过热和空调制冷负荷的增加。随着每年夏季各地极端气温不断打破历史纪录，夏季的室外环境也趋恶化，导致了人们对空调的依赖程度进一步加大。空调的使用确实能改善室内的环境，但空调对外排放的热气则会加剧室外环境的恶化,形成恶性循环。在这种循环中,建筑能耗不断攀升。

建筑开窗是建筑获得自然采光的唯一路径,又是建筑获得冬季太阳辐射热的最重要途径,也是围护结构中热工性能较薄弱的部分,其影响着冬、夏季节室内热环境以及冷热设备能耗,因此建筑窗洞口及其辅助设施的设计显得尤为重要。由于建筑窗洞在建成后很难根据室内采光和热环境需求进行灵活调节,因此遮阳设计在很久以前就成为建筑窗洞用于降低夏季过多太阳辐射热和调节自然采光的重要途径。建筑遮阳的作用主要可以分为以下三个方面:节能、眩光调节、室内热舒适度。

针对太阳辐射过多造成的环境不舒适问题,遮阳已被证明是一种良好的策略,在节能减排方面起到"事半功倍"的效果,投入小、效果好。建筑遮阳作为一项十分便捷和有效的降温手段在我国具有悠久的发展历史,特别在我国传统民居建筑中,遮阳是一种十分常见,且适应当地气候特点、居民生活习惯的构造形式。传统民居在适应气候、维护生态平衡、体现可持续性发展上有很多的优点。在传统民居的设计中,遮阳是很好的节能处理手法,我们应该加以借鉴和利用。传统民居的设计受到当地自然因素和社会文化等因素的影响,在遮阳方面呈现不同的具体形态。

砖瓦式外遮阳是与长三角地区诸多江南乡村的建筑风格相统一的。江南许多农居保存着白墙黛瓦的建筑风格,因此,利用砖瓦构件作为外窗的遮阳设施与白墙黛瓦的这种建筑风格是统一和谐的。砖瓦式外遮阳一般采用木架或者钢构架固定在外窗上方,并可以根据需要在建造时调整伸出长度,以满足外窗遮阳的要求。建筑外遮阳系数的大小在很大程度上受遮阳板的挑出系数限制。木、钢和瓦等材料可塑性强,可以制作成各种外形优美的遮阳设施。砖瓦式外遮阳的材料多数为乡土材料,易与本地的乡土文化相融合,不会造成大量的视觉冲突。砖瓦材料价格实惠且易于维修更换,非常适用于农村家庭使用。此种遮阳方式属于固定式外遮阳,缺点是不能根据季节、天气和一天时间的变化调整以满足室内环境(如采光与热流控制等)的需求,缺少灵活性。

水泥板外遮阳采用的是楼板挑出或者附加挑出水泥板进行遮阳、遮雨。因为楼板位置相对窗户下沿的距离固定,因此这种遮阳方式在建造时一般通过调整遮阳板的挑出距离来达到遮阳效果。这种遮阳方式虽然可以达到遮阳效果,但是存在诸多缺点。水泥板遮阳一般在建筑立面横向通长设置,影响建筑立面美观,造成较大的视觉冲突,而且在不需要遮阳的位置也挑出水泥板,造成材料的大量浪费,与乡土特色融合较少。常年裸露在外、挑出的水泥板经受风吹雨打、日积月累,会加速室内楼板钢筋腐蚀和混凝土碳化，危及结构安全，同时还会增加雨水向室内渗透的概率。

农居使用较多的轻质材料外遮阳是活动遮阳篷，其分为折叠式遮阳篷(图4.15)和曲臂遮阳篷(图4.16)。遮阳篷属于活动外遮阳的范围，可以根据需要调整外遮阳以达到预期的遮阳效果。遮阳篷一般采用螺栓连接的方式固定在墙面，因此，在遮阳篷固定时可以从视觉效果、遮阳效果多方面考虑遮阳篷高度和遮阳布的挑出长度。夏季，遮阳篷展开遮阳，阻挡紫外线辐射，降低空调能耗；冬季，遮阳篷收起，最大限度地吸收室外热量，维持室内舒适环境。

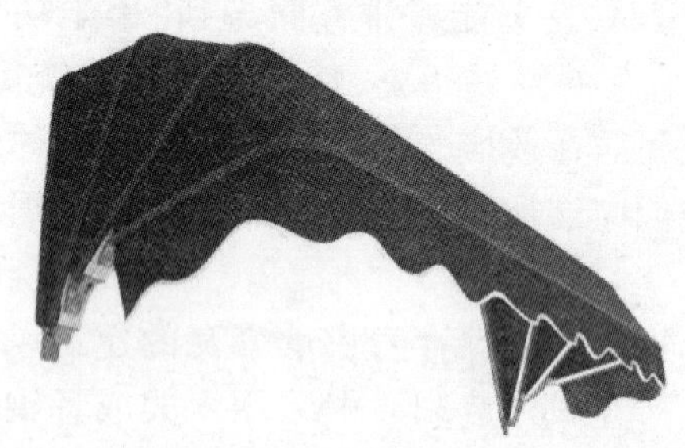

图4.15　折叠式伸缩篷

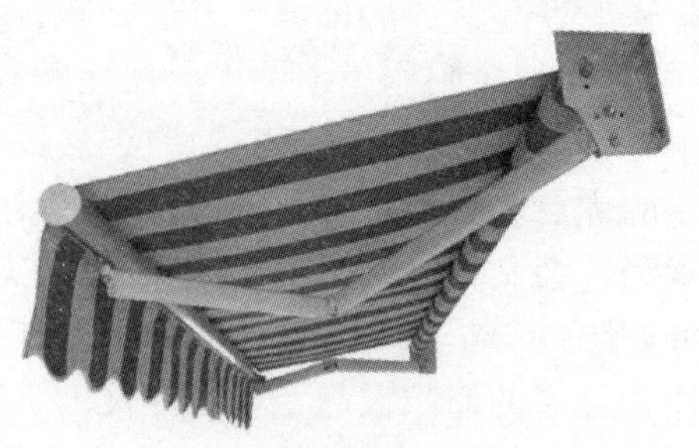

图4.16　曲臂遮阳篷

遮阳篷构造简单、造价低廉带来的一个好处就是便于更换维修，可以随时更换损坏的遮阳设施。遮阳篷的遮阳布具有特殊的防紫外线功能，不仅使人体皮肤免受紫外线的侵袭，而且大大延长了室内装修和家具的使用寿命。遮阳篷有着丰富多彩的遮布花型、颜色，居民可以按照自己的喜好或者根据村落风格特点进行选择。

木质外遮阳篷使用形式最多的为木质格栅遮阳篷。木材质地柔软，便于切割，隔热、保温性能好，且易于加工、置换，并散发着自然气息。但是木材使用寿命短、耐腐性差，而且加入防腐剂提高其防腐性能后用作外遮阳材料，寿命提高幅度不大。木质外遮阳篷在木材丰富的地区较为常见，表现地方特征。木质外遮阳篷对外窗以及建筑立面都有十分优良的装饰效果，通过加工还可以制作出带有地方特色的图案、纹理，以此展现乡村聚落的地域传统文化。

附表 4.1 常用整窗 K 值计算表(普通铝窗框、断桥铝窗框)

玻璃				普通铝窗框			断桥铝窗框	
种类	结构	遮阳系数 SC	K 值 [W/(m^2 · K)]	K = 6.66W/(m^2 · K)			K = 4.0W/(m^2 · K)	
				窗框窗洞面积比			窗框窗洞面积比	
				15%	20%	30%	20%	30%
单片	5mm 白玻璃	0.99	5.5	5.7	5.7	5.8	5.2	5.1
	5mm 绿玻璃	0.7	5.5	5.7	5.7	5.8	5.2	2.1
白玻璃中空	5mm + 6A + 5mm	0.89	3.2	3.7	3.9	4.2	3.4	3.4
	5mm + 9A + 5mm	0.89	3.0	3.5	3.7	4.1	3.2	3.3
	5mm + 12A + 5mm	0.89	2.8	3.4	3.6	4.0	3.0	3.2
	6mm + 6A + 6mm	0.87	3.2	3.7	3.9	4.2	3.4	3.4
	6mm + 9A + 6mm	0.87	3.0	3.5	3.7	4.1	3.2	3.3
	6mm + 12A + 6mm	0.87	2.8	3.4	3.6	4.0	3.0	3.2
Low-E 中空 Super SE-Ⅰ	5mm + 6A + 5mm	0.6	2.5	3.1	3.3	3.7	2.8	3.0
	5mm + 9A + 5mm	0.6	2	2.7	2.9	3.4	2.4	2.6
	5mm + 12A + 5mm	0.6	1.9	2.6	2.9	3.3	2.3	2.5
	6mm + 6A + 6mm	0.6	2.5	3.1	3.3	3.7	2.8	3.0
	6mm + 9A + 6mm	0.6	2	2.7	2.9	3.4	2.4	2.6

续上表

玻璃				普通铝窗框			断桥铝窗框	
种类	结构	遮阳系数 SC	K值 [W/(m² · K)]	K=6.66W/(m² · K)			K=4.0W/(m² · K)	
				窗框窗洞面积比			窗框窗洞面积比	
				15%	20%	30%	20%	30%
Low-E 中空 Super SE-Ⅰ	6mm+12A+6mm	0.59	1.8	2.5	2.8	3.3	2.2	2.5
Low-E 中空 Super SE-Ⅲ	5mm+6A+5mm	0.5	2.5	3.1	3.3	3.7	2.8	3.0
	5mm+9A+5mm	0.49	2	2.7	2.9	3.4	2.4	2.6
	5mm+12A+5mm	0.79	1.9	2.6	2.9	3.3	2.3	2.5
	6mm+6A+6mm	0.49	2.5	3.1	3.3	3.7	2.8	3.0
	6mm+9A+6mm	0.48	2	2.7	2.9	3.4	2.4	2.6
	6mm+12A+6mm	0.48	1.8	2.5	2.8	3.3	2.2	2.5

注:引自规范《全国民用建筑工程设计技术措施/规划 · 建筑 · 景观》(2009)表10.8.3-1。

附表 4.2 常用整窗 K 值计算表（木窗框、塑料窗框）

玻璃				木窗框			塑料窗框		
				$K=1.8W/(m^2 \cdot K)$			$K=1.9W/(m^2 \cdot K)$		
种类	结构	遮阳系数 SC	K 值 $[W/(m^2 \cdot K)]$	窗框窗洞面积比			窗框窗洞面积比		
				30%	35%	40%	30%	35%	40%
单片	5mm 白玻璃	0.99	5.5	4.4	4.2	4.0	4.4	4.2	4.1
	5mm 绿玻璃	0.7	5.5	4.4	4.2	4.0	4.4	4.2	4.1
白玻璃中空	5mm+6A+5mm	0.89	3.2	2.8	2.7	2.6	2.8	2.7	2.7
	5mm+9A+5mm	0.89	3.0	2.6	2.6	2.5	2.7	2.6	2.6
	5mm+12A+5mm	0.89	2.8	2.5	2.5	2.4	2.5	2.5	2.4
	6mm+6A+6mm	0.87	3.2	2.8	2.7	2.6	2.8	2.7	2.7
	6mm+9A+6mm	0.87	3.0	2.6	2.5	2.5	2.6	2.6	2.5
	6mm+12A+6mm	0.87	2.8	2.5	2.5	2.4	2.5	2.5	2.4
Low-E 中空 Super SE-Ⅰ	5mm+6A+5mm	0.6	2.5	2.3	2.3	2.2	2.3	2.3	2.3
	5mm+9A+5mm	0.6	2	1.9	1.9	1.9	2.0	2.0	2.0
	5mm+12A+5mm	0.6	1.9	1.9	1.9	1.9	1.9	1.9	1.9
	6mm+6A+6mm	0.6	2.5	.3	2.3	2.2	2.3	2.3	2.3
	6mm+9A+6mm	0.6	2	1.9	1.9	1.9	2.0	2.0	2.0

续上表

玻璃				木窗框			塑料窗框		
种类	结构	遮阳系数 SC	K值 [W/(m^2·K)]	K=1.8W/(m^2·K)			K=1.9W/(m^2·K)		
				窗框窗洞面积比			窗框窗洞面积比		
				30%	35%	40%	30%	35%	40%
Low-E 中空 Super SE-Ⅰ	6mm+12A+6mm	0.59	1.8	1.8	1.8	1.8	1.8	1.8	1.8
Low-E 中空 Super SE-Ⅲ	5mm+6A+5mm	0.5	2.5	2.3	2.3	2.2	2.3	2.3	2.3
	5mm+9A+5mm	0.49	2	1.9	1.9	1.9	2.0	2.0	2.0
	5mm+12A+5mm	0.79	1.9	1.9	1.9	1.9	1.9	1.9	1.9
	6mm+6A+6mm	0.49	2.5	2.3	2.3	2.2	2.3	2.3	2.3
	6mm+9A+6mm	0.48	2	1.9	1.9	1.9	2.0	2.0	2.0
	6mm+12A+6mm	0.48	1.8	1.8	1.8	1.8	1.8	1.8	1.8

注:引自规范《全国民用建筑工程设计技术措施/规划·建筑·景观》(2009)表10.8.3-2。

5 农村新能源利用

5.1 概述

随着我国生态文明建设的不断推进,国家更加重视人们生活环境的状况。传统能源的利用仍停留在煤炭、石油等不可再生的一次性能源上,而当前全球变暖的问题突显,改变能源的利用模式是当务之急。太阳能是一种环保的可再生能源,且其来源无须任何成本,因此得到全球的重视。太阳能热水器是太阳能产品开发中技术最为成熟的商业化产品,逐渐走进我国的农村地区,成为我国农村的生产生活中不可或缺的一部分。太阳能热水器不仅可以改善农村地区的生态环境,还可以有效地帮助农村人民提高自身的生活条件,对我国的新农村建设以及农村资源环境的保护等方面起到了关键性的作用。在我国的农村地区进行太阳能热水器的普及工作可以使我国的能源紧张状况逐渐缓解,对于我国农村的生态文明建设的具有重大的促进作用。

5.2 光热系统

太阳能热水系统是由太阳能集热器、循环系统、储热系统、控制系统、辅助能源系统以及支撑架等有机地组合在一起的,在阳光的照射下,使太阳的光能充分转化为热能,匹配当量的电力和燃气能源,就成为比较稳定的定量能源设备,提供热水供人们使用。

随着农民生活水平的提高,生活热水能耗也越来越大,利用太阳能热水装置可节省沐浴、做饭和洗涤用热水的常规能耗。农户可根据不同的供水情况,采用自来水或地下水作为太阳能热水系统的水源,将其集热管安装在住宅屋顶上,使其最大限度地接受太阳辐射能。农村与城市相比,太阳能热水系统可安装位置多、空间大、布置灵活、施工方便。

5.2.1 外置式光热系统

1)技术要求

(1)一般要求

太阳能热水系统应结合所在地区的太阳能资源情况进行选择。太阳能热水系统设计应纳入建筑给排水设计,并应符合现行国家和地方标准的要求。太阳能热水系统安装时不应影响建筑物的使用功能和整体美观。太阳能热水系统的管道、配件、储水箱等的材质应与建筑给水管道相匹配,并满足建筑给排水标准的要求。对集中供热水系统,严禁采用因局部损坏而导致系统整体失效的太阳能集热器。太阳能热水系统应采取保温、防冻措施。太阳能热水系统宜配置辅助能源加热装置。太阳能热水不应直接饮用。太阳能集热器宜设置在屋面,通过支架或坡屋面形成接受阳光的最佳倾角。

(2)技术要求

太阳能集热系统的热性能应满足相关太阳能产品现行国家和地方标准和设计要求,系统中的集热器、储水箱、支架等主要部件的正常使用寿命不应少于10年。太阳能热水系统应安全可靠,内置辅助能源加热装置必须带有安全装置。太阳能热水系统应采取防冻、防结露、防过热、防渗漏、防雷、抗雹、抗风、抗震等技术措施;相关技术措施应由设计人员进行复核计算。太阳能热水系统设计的供水水温、水压、水质和热水用水定额,应符合现行国家标准《建筑给水排水设计规范》(GB 50015)中的相关规定。

2)系统设计

系统应遵循节水节能、经济实用、安全便捷、便于计量的原则,并结合建筑形式、辅助能源种类和热水需求等进行设计。

太阳能集热器的承压能力应满足要求。太阳能集热器之间可采用串联、并联、串并联组合连接,具体连接方式根据产品的型号、系统集热效率以及管路阻力等因素综合考虑确定。对自然循环系统,集热器组中的集热器宜采用并联方式连接;对强制循环系统,集热器组中的集热器宜采用并联或串并联连接方式。

集热器总面积计算以及面积修正方法参照现行国家标准《民用建筑太阳能热水系统应用技术规范》(GB 50364)。集中供热水系统的储水箱容积应根据日用热水小时变化曲线、太阳能集热系统的供热能力和运行规律,以及常规能源辅助加热装置的工作制度、加热特性和自动温度控制装置等因素按积分曲线计算确定。

储水箱的本体材料和表面材料,不得影响系统水质。闭式储水箱应满足承压要求,并应设置进出水管、自动补水装置、安全阀以及水温指示装置;开式储水箱应设置进出水管、补水管、溢流管、泄水管、通气管、水位控制以及水温指示装置。储水箱的进出水管路布置,不应产生气阻。储水箱与建筑墙面或其他箱壁之间的净距,应满足施工或装配的需要。对设有上人孔的箱顶,顶板面与上部建筑本体的净空不应小于0.8m。储水箱有内置辅助加热元件时,箱体宜采用竖向细高形式。太阳能热水系统的管道不宜跨越建筑伸缩缝、沉降缝、抗震缝等变形缝,当必须跨越时应设置变形补偿装置。

太阳能热水系统中的集热循环系统管路应设计为同程式。集热循环管的横管敷设时,应有不小于0.3%的坡度。坡向应便于排除空气,在管路最高点应设自动排气阀。当集热器组为多排或多层组合时,每排或每层集热器的总进出水管上均应设置阀门。闭式集热循环系统应设置膨胀罐、压力安全阀和压力表。集热循环系统管路应选用耐腐蚀和连接方式方便可靠的管材,宜采用薄壁铜管、薄壁不锈钢管。热水管路的设计应符合现行国家标准《建筑给水排水设计规范》(GB 50015)和《太阳能热水系统设计、安装及工程验收技术规范》(GB/T 18713)的相关规定。

集热系统的热水循环泵应效率高、噪声低,并在水泵及其管道上设置减振减噪装置。辅助能源加热装置应符合现行国家标准《建筑给水排水设计规范》(GB 50015)的相关规定,辅助能源加热装置可以采用燃气燃油加热装置、电加热装置、热泵加热或沼气加热装置,具体形式应通过经济技术比较后确定。

辅助热泵加热装置宜选用空气源热泵热水器。辅助燃气燃油加热装置应符合国家现行的相关产品标准要求,其设计安装应采取安全措施。辅助电加热装置采用直接加热的电热管时,其安装应符合现行国家标准《建筑电气安装工程施工质量验收规范》(GB 50303)的相关要求,电加热器设计应采取必要的安全保护措施。系统计量宜按照现行国家标准《建筑给水排水设计规范》(GB 50015)中有关规定执行,并应在具体工程设计中设置冷、热水表。集热循环系统中若采用强制循环,宜采用温差控制。太阳能集热器用温度传感器应能承受250℃温度,其精度为±1℃。

太阳能热水系统防冻措施按优先顺序排列有以下几种方式:采用自动控制系统实现防冻循环;采用集热循环系统存水自动排空措施。太阳能热水系统管道及储水箱应符合国家标准《设备及管道绝热设计导则》(GB/T 8175—2008)的要求,设计中可以选用保温管壳、橡塑等材料,其保温厚度应由设计人员计算确定。

3)安装要求

(1)太阳能热水系统设计应纳入建筑工程的统一规划,同步设计、同步施工,与建筑工程同时投入使用。

(2)建筑设计应满足太阳能集热器平均每天日照时数不少于4h的要求。

(3)太阳能集热器与屋面、墙面、上下凸窗之间和阳台栏板一体化设计时,应与建筑整体有机结合,外观和谐。

(4)建筑设计中应合理确定太阳能热水系统各组成部分在建筑中的位置,并满足所在部位的保温隔热、防水、排水和系统检修的要求。

(5)太阳能集热器组(阵列)设计要求如下:

集热器组中集热器的连接尽可能采用并联平板集热器,每排并联数目不宜超过16个。串联的集热器数目应尽量减少,全玻璃真空管东西向放置的集热器,在同一斜面上多层布置时,串联的集热器不宜超过3个(每个集热器联箱长度不大于2m)。每个自然循环系统的集热器数目不宜超过24个。

(6)在安装太阳能集热器的建筑部位,应有防止太阳能集热器损坏后部件坠落伤人的安全防护设施。

(7)太阳能集热器应采取抗风、抗震等技术措施。

(8)太阳能集热器不应跨越建筑变形缝设置。

(9)设置太阳能集热器的屋面应符合下列规定:

太阳能集热器支架应与屋面预埋件牢固固定,并应在构件穿防水层处用密封膏封严。太阳能集热器周围屋面、检修通道、屋面出入口和集热器之间的人行通道上部应铺设保护层。太阳能集热器与储水箱相连的管线需穿屋面时,应在屋面预埋防水套管,并在其与屋面相接处进行防水密封处理。防水套管应在屋面防水层施工前埋设完毕。集热器的坡屋面设置,宜结合太阳能集热器接受阳光的最佳倾角,(即当地纬度)来确定。太阳能集热器设置在屋面上,不得降低所在屋面的保温、隔热、防水等功能。

(10)太阳能热水系统的管道应有组织布置,做到安全、隐蔽、易于检修。

(11)设储水箱的室内地面应做防水,并设置地漏等排水设施。

(12)储水箱与集热器之间的集热循环管路应尽量短,以减少热量损失。

4)光热系统原理

(1)强制循环间接加热单水箱系统

适用于屋面等在高处设置储水箱,对建筑物外观要求不太严格的场合。集成系统采用开式系统,热水与外界空气接触,水质易受污染。系统热水供应压力来自高位储水箱,储水箱高度应满足系统最不利点的水压。当高位储水箱的设置高度不能满足最不利点的水压要求时,需设热水加压泵。

集热器宜采用平板型(抗冻型)、玻璃—金属真空管型等承压式太阳能集热器,可采用电、燃气等加热装置作为辅助热源。强制循环间接加热单水箱系统原理图详见附录 E 的 E.1。

(2)强制循环间接加热双罐系统

适用于自来水压力能满足系统最不利点水压且对建筑物外观和水质要求严格的场合。

集热器设在屋顶,容积式水加热器(储、供热水罐)等设备可布置在储藏间、地下室或技术夹层。系统热水量增加,太阳能集热系统运行效率提高,但水罐热损失增加。集热系统采用间接系统,水质不易污染。采用温差循环控制原理控制热水温度,结合工程实际也可采用兼具储热、供热功能的单罐系统。

集热器宜采用平板型(抗冻型)、玻璃——金属真空管型等承压式太阳能集热器,可采用电、燃气等加热装置作为辅助热源。强制循环间接加热双罐系统原理图详见附录E的E.1。

(3)强制循环间接加热水箱—水罐系统

适用于屋面等在高处设置储水箱,对建筑物外观要求不太严格的场合。

集成系统采用间接系统,设有安全阀,运行安全可靠。热水与外界空气接触,水质易受污染。系统热水供应压力来自高位储水箱,储水箱高度应满足系统最不利点的水压。当高位储水箱的设置高度能够满足最不利点的水压要求时,可不设热水加压泵。水箱生活给水管应采取防止回流污染的措施。采用温差循环控制原理控制热水温度。

集热器宜采用平板型(抗冻型)、玻璃—金属真空管型等承压式太阳能集热器,可采用电、燃气等加热装置作为辅助热源。强制循环间接加热水箱—水罐系统原理图详见附录E的E.2。

(4)强制循环直接加热双罐系统原理

适用于自来水压力能满足系统最不利点水压,对建筑物外观要求严格的场合。

集热器设在屋顶,容积式水加热器(储、供热水罐)等设备可布置在储藏间、地下室或技术夹层。系统热水量增加,太阳能集热系统运行效率提高,但水罐热损失增加,集热系统采用直接系统,水质易受污染。采用温差循环控制原理控制热水温度,根据工程实际也可采用兼具储热、供热功能的单罐系统。

集热器宜采用平板型(抗冻型)、玻璃—金属真空管型等承压式太阳能集热器,可采用电、燃气等加热装置作为辅助热源。强制循环直接加热双罐系统原理图详见附录E的E.1。

(5)自然循环系统原理

适用于自来水压力不稳定,对建筑物外观要求不太严格,且用水时间固定的场合。

热水供应采用开式系统,不需要安全阀,运行安全可靠。热水与外界空气接触,水质易受污染。热水供应压力来自高位储水箱,储水箱高度应满足系统最不利点的水压;当高位储水箱的设置高度不能满足最不利点的水压要求时,需设热水加压泵。储水箱位置必须高于集热器系统。水箱生活给水管应采取防止回流污染的措施。

集热器宜采用全玻璃真空管型、平板型(抗冻型)太阳能集热器,每个系统集热器的数量不宜超过24个,可采用电、燃气等加热装置作为辅助热源。自然循环系统原理图详见附录E的E.2。

5.2.2 光热建筑一体化设计

对新建农房可在设计阶段考虑将太阳能热水器与建筑相结合,通过光热系统与建筑屋顶、外墙、女儿墙、阳台等部位的结合,使太阳能设施成为建筑的一个有机组成部分,与建筑融为一体,从而达到太阳能热水器排布科学、有序、安全、规范以及建筑设计经济、实用、美观的要求。长三角地区农房在实施太阳能热水系统与建筑一体化设计时,应遵循如下基本设计原则:

太阳能热水系统的节能潜力取决于长三角地区的太阳强度、系统使用目的和系统设计,宜考虑长三角地区的气候和太阳能资源情况,以及建筑的使用是否适合太阳能热水系统。

在设计初期阶段,对太阳能热水系统的经济可行性进行分析,对系统运行成本、预期的节能潜力进行生命周期成本分析,并与一般的非太阳能热水系统进行比较。

安装集热器时,将其安装在建筑物的合理位置上,避免集热器被附近的建筑物和树木遮挡,使集热器能够最大限度地接收太阳辐射,且确保建筑物的承重、防水等功能不受影响。

因集热器的玻璃易碎,故安装过程中应当谨慎,以防玻璃破裂,同时还要消除使用过程中对路人可能造成的安全隐患,且集热器的选择还要考虑抵御当地强风、暴雪、冰雹等影响的需求。

预留所有管道的通口,合理布置太阳能循环管路以及冷热水供应管路,尽量减小从集热器到水箱的距离,进行集热器、管道和热水箱的最优化控制。

建议将建筑热水系统的日常管理纳入物业管理中,以确保系统的安全和平稳运行,以及将来易于维护、检修系统。

一体化设计思路

长三角地区农房以低层住宅为主，按照太阳能热水系统在低层建筑中的运行特点，可分为集中集热、集中供水太阳能热水系统和分散式集热太阳能热水系统。长三角农村建筑较适宜选择分散式集热太阳能热水系统。

集中集热、集中供水太阳能热水系统是将太阳能集热器集中放置在屋顶等部位，集中的储水装置则设置在地下室、设备层等处。该系统太阳集热部分集成化程度高，集热效率高，不受楼层高低影响。

分散式集热太阳能热水系统是将太阳能集热器、储水箱、管道等设施分户布置。该系统每户都拥有独立的小型太阳能热水系统，使用热水时互不相扰，同时由于该系统集热器的分散布置，因此易与建筑外观结合。

在长三角地区农村建筑设计中，可将太阳能集热器作为建筑的重要组成元素，将其与建筑有机结合，在既不破坏建筑整体形象与风格的前提下，又使太阳能集热器成为建筑不可分割的一部分，为建筑的外观增添光彩，创造出安装、设置太阳能热水系统的新型建筑形式，详图见附录 E 的 E.3。

(1)太阳能集热器和屋顶结合

长三角地区光热资源丰富，通过屋顶与集热系统的有机结合，不仅可实现光热的有效收集，而且集热板的安装可丰富不同风格、不同坡度、不同色彩的坡屋面，避免单调的建筑形体，增加了坡屋面的科技色彩。

考虑长三角地区村民对热水的使用需求，一般冬季用量稍多，且夏季用量较少，通过优化屋面的坡度、集热器的位置和立面的比例关系等，将太阳能集热器放置在建筑的坡屋面上。建筑坡屋面的坡度宜等于太阳能集热器接受阳光的最佳角度，即当地纬度 ±10°，且在屋面上的太阳能集热器有两种设置方式，即顺坡架空设置和顺坡镶嵌设置。节点构造详见附录 E 的 E.4。

(2)太阳能集热器和女儿墙结合

太阳能集热器安装在女儿墙上，是建筑与太阳能热水系统一体化设计的一种方式，一方面要总体考虑集热器面积以确定建筑物可否放置集热器，另一方面还可结合斜檐式女儿墙放置集热器，达到相互兼顾的效果。节点构造详见附录 E 的 E.5。

(3)太阳能集热器和墙面结合

太阳能集热器设置在建筑外墙上是光热系统与建筑结合的最佳方式之一。平板型集热器的板状造型和真空集热器相比,与墙面结合时更有优势。太阳能集热器设置在建筑外墙上不仅使建筑立面造型新颖,还能有效解决中长三角地区农村建筑屋面(特别是坡屋面)放置集热器面积有限的缺点。节点构造详见附录 E 的 E.5。

(4)太阳能集热器和阳台结合

长三角地区农村建筑多设置阳台,集热效率较高,且平板式集热器的板状外观与阳台栏板相似,真空管集热器的格栅状肌理与阳台栏杆相似。通过太阳能集热器和阳台栏板的结合,不仅能满足太阳能集热器接受阳光的需求,还能与原有建筑构件相协调,增加立面的色彩、肌理,形成韵律感,给建筑构件的阳台增加科技色彩。在对太阳能集热器和阳台一体化设计时,应控制处理好集热器与阳台造型、空调机位的关系,可利用阳台集中统筹布置集热器、储水箱、空调室外机等设备,储水箱也可安装在室内。节点构造详见附录 E 的 E.5。

5.3 光伏系统

在长三角地区新农村建设住宅以多层建筑为主,为独门独户的分散居住形式。这就要求发电系统和农村电力输送网具有灵活性和巨大的覆盖性,光伏发电系统有以上优势。光伏发电系统与并网技术相结合,具有更强的适用性。

5.3.1 外置式光伏系统

光伏系统图详见附录 E 的 E.6,按照运行及组成方式的不同,太阳能光伏发电系统可分为独立光伏发电系统、并网光伏发电系统和混合光伏发电系统。

1)独立光伏发电系统

独立光伏发电系统(又称为离网型光伏发电系统)是指完全依靠太阳电池供电的光伏系统,其唯一的能量来源是系统中太阳电池方阵受光照时发出的电力。独立光伏发电系统中最简单的系统是直联系统,发出的直流电力直接供给负载使用,中间不设置储能设备,负载只有在获得太阳光照时才能工作。直联系统有太阳能水泵、太阳能风帽等。而配备储能装置的独立光伏发电系统主要应用于村庄供电系统、通信信号电源、太阳能户用电源系统、太阳能路灯等。

2)并网光伏发电系统

并网光伏发电系统是指太阳电池方阵发出的直流电力经过逆变器变换成交流电,与电网并联后向电网输送电力的光伏发电系统。这类光伏系统发展迅速,在20世纪末,并网光伏发电系统的使用量已经超过独立光伏系统。并网光伏发电系统可分为两大类:户用并网光伏发电系统和光伏电站。户用并网光伏发电系统是带有蓄电池的并网发电系统,由于系统可以依据自身需求退出或者并入电网,可调度性强,通常应用在居民建筑中;光伏电站通常是不带蓄电池的并网发电系统,其没有可调度性,也没有设计备用电源。

3)混合光伏发电系统

混合光伏发电系统是将一种或几种发电方式同时引入光伏发电系统中,联合向负载供电的系统,如光伏系统引入柴油发电机充当备用电源,晴天时光伏发电系统供电,太阳辐射量较少的连续阴雨天或者冬天时运用柴油发电机供电。

5.3.2 光伏一体化设计

1)光伏建筑一体化设计要点

长三角地区农村建筑位于光热资源较为丰富的华东地区,通过采用光伏建筑一体化使建筑造型、能源利用、居住环境有机结合,能较大限度地为居民提供清洁高效的可再生能源,因地制宜地将光伏建筑一体化落实于居住环境中。光伏建筑一体化设计应遵循以下几点:

(1)地理位置和气候条件

长三角地区农村建筑所在的地理位置和气候条件直接影响光伏组件的发电效率、与建筑结合形式以及建筑布局。地理位置主要包括光伏使用所在地的经纬度和海拔高度等;气候条件则包括逐月的太阳能直接辐射量、散辐射量、总辐射量,以及每月的平均气温、最低最高气温、月平均风速及最大风速、连续阴雨天数和降雪冰雹等极端天气情况。这些因素对光伏方阵布置、光伏组件发电效率、蓄电池规格选型等产生较大影响,因此光伏建筑一体化设计之前,需收集整理准确且全面的长三角地区农村地区气象数据资料。

(2)建筑方位布局及用地周边环境

光伏建筑一体化设计中,北半球的建筑方位布局适宜朝南,用地周边环境的影响因素主要考虑建筑群体的方位布局外、还应考虑间距、高度、体形、路网设置以及广场绿化分布等,设计中在不影响相邻建筑日照的前提下,尽量使接受太阳辐射面积最大化。

(3)建筑功能、外形和负荷要求

光伏建筑一体化设计应将光伏系统与建筑外形设计巧妙融合,满足建筑功能正常使用的要求,增强视觉美感,同时保证光伏组件安装的部位不受周边物体的遮挡。这就要求应充分了解建筑功能,准确分析功率大小、负荷类型及耗电量、运行规律和状况以及运行时间等。

(4)光伏系统选型与计算

基于建筑美学因素,选择太阳能光伏系统与建筑结合的部位,确定光伏方阵最佳倾角、光伏组件数量、光伏方阵装机容量、蓄电池容量、光伏系统年发电量等,还应进行建筑阴影分析以及光伏系统发电效率分析,根据上述分析结果来完成逆变器、控制器、蓄电池、支架等系统组件的选型,确定长三角地区农村地区光伏组件安装连接方式。

(5)配套专业设计

在落实长三角地区农村建筑光伏建筑一体化设计时,应注意建筑电气安全和建筑结构安全设计,做好光伏组件安装部位的防雷、防火、防静电等相关功能要求和节能要求,达到完全意义上的太阳能光伏建筑一体化构造。

2)光伏系统与屋顶相结合

(1)新建建筑的坡屋面坡度设计在考虑坡屋面排水功能的同时,还应考虑光伏组件全年获得太阳光电能最多的倾角,可根据当地纬度来确定屋面坡度,一般情况下坡度可按22°~26°进行设计。

(2)安装在坡屋面上的光伏组件宜根据建筑物实际情况,选择顺坡镶嵌设置或顺坡架空设置方式。架空设置时其支架基座与结构层应采用螺栓固定,支架与坡屋面结合处容易在排水垂直方向产生挡水,应采取措施保证其排水通畅,并应做好防渗漏密封处理。

(3)顺坡镶嵌设置的光伏组件与坡屋面连接处应作密封处理;建材型光伏组件安装在坡屋面上时,其与周围屋面材料连接部位应做好建筑构造设计,并应满足屋面整体的保温、防水等围护结构功能要求。

(4)顺坡架空安装的光伏组件与坡屋面间宜留大于100mm的通风间隙。控制通风间隙的目的有两个:一是通过加强屋面通风,降低光伏组件背面温升;二是保证组件的安装维护空间。

(5)作为坡屋面建筑材料使用的光伏组件,其材料特性应满足坡屋面材料排水等的性能要求。

(6)建筑屋顶是各类光伏板的最佳布局部位,其日照条件好,朝向影响小,不易受到遮挡,可最大限度接收太阳辐射,且光伏组件可紧贴建筑屋顶结构安装,可减少风力的不利影响。同时太阳能光伏组件可作为保温隔热层遮挡屋面,大面积光伏组件综合使用材料,节约了成本,单位面积的太阳能转换设施的价格降低,屋面的功能也得到了复合利用。

(7)集成太阳能光伏屋顶特点是将光伏系统与屋顶结合为一体,此系统由光伏板组件、空气间层、保温层和结构层组成,系统复杂、综合效率高,不仅一体化程度高,还能发电、防水和承受一定的荷载。安装构造图详见附录E的E.7。

3)光伏系统与墙体相结合

(1)作为外墙材料的光伏组件(建材型),其材料要满足建筑热工要求;作为外围护结构还应满足功能要求。

(2)对于采取挂面等其他方式安装在建筑外墙的光伏组件(安装型),结构设计时应作为墙体永久荷载考虑,墙体上安装光伏组件可能造成墙体局部变形、产生局部裂缝的情况,可采取构造措施加以防止。光伏组件支架应锚固在墙体的结构构件上,预埋件应通过结构计算确定;光伏组件安装在外保温构造的墙体上时,其与墙面连接部位易产生冷桥,因此需要作特殊断桥或保温构造处理,保证满足墙面整体保温节能的热工要求。

(3)光伏组件作为建筑遮阳构件使用时,应进行遮阳性能计算。

(4)外墙窗面上安装光伏组件时,应满足不同性质建筑对窗的采光通风要求,并应达到外窗的节能要求。

(5)作为外墙使用的光伏组件,应具备外墙材料的特性,并应满足外墙保温节能的设计要求。

(6)光伏组件的引线应暗设,过墙面处应预埋防水管,可防止水渗入墙体构造层;管线穿越结构柱会影响结构性能,因此穿墙管线不宜设在结构柱内。

(7)光伏组件镶嵌在墙面时,应由建筑设计专业人员结合建筑立面进行统筹设计。

(8)建筑设计时,为防止光伏组件损坏而掉下伤人,应考虑在安装光伏组件的墙面采取必要的安全防护措施,如在有人员出入处设置挑檐、雨篷。在建筑周围进行绿化种植等,使人不易靠近,防止光伏构件坠落伤人。

(9)外墙作为多高层建筑中接触太阳光面积最大的外表面,可运用各种墙体材料和构造,将光伏系统布置于建筑物外墙上,合理利用墙面收集太阳能,不仅可以利用太阳能光伏组件将太阳能转化为电力满足建筑的需求,而且可有效降低建筑墙体的温度,减少建筑室内空调冷负荷。

(10)太阳能光伏板在建筑外墙的安装方式与干挂式类似,首先在外墙面安装好竖向和横向龙骨,再将太阳能光伏组件直接固定在龙骨上,这样不仅有助于光伏系统的电线在龙骨中排布,而且有利于光伏组件的日后检修替换,并且起到一定的散热效果。

光伏板—外墙一体化安装构造图详见附录 E 的 E.8。

4)光伏组件与阳台相结合

(1)阳台栏板因凸出建筑立面,受遮挡较少,能够接收到较多的太阳辐射,也是光伏电池理想的安装位置。由于阳台突出于建筑,阳台栏板上布置的光伏阵列可以考虑发电效率的因素而与墙面呈一定倾角布置,可忽略对窗口阳光的遮挡。

(2)经统一设计安装的阳台光伏阵列,丰富了建筑立面的层次和材质,使其呈现一定的韵律感,使住宅整体也更加美观。

(3)安装或镶嵌在阳台栏板上的光伏组件应有适当的倾角,以接受更多的太阳光为原则,光伏组件及其支架应与阳台栏板上的预埋件牢固连接,并通过计算确定预埋件的尺寸与预埋深度,防止坠落事件的发生。

(4)阳台栏板高度应满足建筑阳台栏板高度要求,如低层、多层住宅的阳台栏板净高不应低于 1.05m,中高层、高层住宅的阳台栏板不应低于 1.1m;光伏组件背面温度较高、电气连接损坏可能会引起安全事故(儿童烫伤、电气安全),因此要采取必要的保护措施,避免人身直接触及光伏组件。

(5)本条款强调不论是安装在阳台栏板上或作为栏板使用的光伏组件,均应与栏板或主体结构的预埋件牢固连接,并通过计算确定预埋件的尺寸与预埋深度,防止坠落事件的发生。光伏系统—阳台一体化安装构造图详见附录 E 的 E.9。

5.4 沼气利用

长三角地区新农村建设以资源节约型道路为方向,农业和农村的经济发展不以消耗农业资源、破坏环境为代价,在节约资源、循环利用、变废为宝的目标上,采取沼气利用技术,将畜牧业与种植业联系起来,形成能源的充分利用和养分的循环,形成“种植业(饲料)—养殖业(粪便)—沼气池—种植业(优质农产品、饲料)—养殖业”循环发展的农业循环经济基本模式。

沼气工程主要将种植业产生的秸秆、畜牧业产生的粪便变成清洁的沼气能源,而产生的沼渣可成为种植业优质无公害的肥料。因此,发展农村沼气是长三角地区新农村建设中发展循环经济、显著节约资源的生产模式,也是建立节约型社会的必然要求。

5.4.1 沼气设计系统

1)沼气系统选址与总平面布置

沼气系统宜设在居民区全年主导风向的下风侧,远离居民区,且应满足卫生防疫的要求;沼气系统宜靠近沼气发酵原料的产地,民用的沼气工程应根据使用分布特点选择合理的站址,用于发电的沼气工程应靠近输供电线路。沼气池宜选择在岩土坚实、抗渗性能良好的天然地基上,并应避开山洪、滑坡等不良地质地段。沼气池宜设置在具有给排水、供电条件,对外交通方便的区域,不应设置在架空电力线跨越的区域。

2)原料及预处理

对畜禽粪便原料,应及时收集和使用。

对秸秆原料,应在沼气站内或附近设置短期堆放秸秆的场所,秸秆堆料场面积的大小宜根据秸秆收购地和消耗量确定;厌氧发酵原料应进行预处理,并应根据原料特点设置相应的预处理设施;各种原料经预处理后,温度、固体浓度等应调制均匀,且不得含有直径或长度大于40mm的固体悬浮物;水质、水量和温度波动较大的原料,应设置调节池,其最小有效容积应能满足原料变化一个周期所排放的全部原料量。

3)户用沼气池设计参数

(1)气压。对于水压式沼气池,考虑其工作特点,沼气压力不能过小。水压式沼气池设计气压一般为3.9~7.8MPa(40~80m水柱)为宜。

(2)产气率。其是指每1m^3沼气池24h产生沼气的体积,单位为$m^3/(m^3 \cdot d)$,户用沼气池在常温条件下,设计产气率一

般为 $0.15m^3/(m^3 \cdot d)$、$0.20m^3/(m^3 \cdot d)$、$0.25m^3/(m^3 \cdot d)$、$0.3m^3/(m^3 \cdot d)$。

(3)沼气池容积。沼气池的容积以 $4m^3$、$6m^3$、$8m^3$ 为宜。

(4)沼气池投料量。其一般为沼气池容积的80% ~90%,液料上部要留有储气间。

4)长三角地区户用沼气应用模式

(1)户用沼气"长三角模式"

"长三角模式"是指以户为单元,利用山地、大田、庭院等资源,采用先进技术,建造沼气池、猪舍、厕所三结合工程,并围绕农业产业,因地制宜开展沼液、沼渣综合利用,构成"长三角模式",俗称"猪、沼、果"模式。

(2)户用沼气"一池三改"

"一池三改"能源生态模式是将沼气池与改畜禽舍、改厕、改厨相结合的一种效益显著的生产模式。该项技术将农村能源进行有效利用,适应新农村建筑,沼气系统设计图详见附录 E 的 E.10。

5.4.2 沼气、太阳能、燃气系统一体化设计

长三角地区村镇建筑中设置太阳能热水系统比较普遍,虽然太阳能热水器利于环保、节约费用,节能减排作用突出,但其受制于天气,在阴雨天无法保证正常使用。如果需要稳定的热水,就需要用电或燃气等其他辅助热源加热,燃气热水器虽然可连续供应热水,但其燃气费用相对于太阳能热水系统较高,将太阳能热水系统与燃气热水器结合可充分发挥二者的优势。

太阳能与沼气热水器并联,加热的热水进入蓄水箱中,再将达到一定温度要求的热水供淋浴。通过该系统可以在阴雨天太阳能供热不足时,启动沼气热水器加热。在沼气池出现供气不足(如炊事用气增大、秸秆等制沼气资源不足)时,采用太阳能加热热水,满足用户用能需求。

1)太阳能与燃气热水器复合式系统

太阳能集热器与建筑屋面应良好结合,避免太阳能利用设施对建筑外观产生的不利影响。蓄热水罐布置在靠近顶板处,

方便管道连接安装和运行管理。燃气热水器安装在每户厨房内或专设的设备间,确保燃气热水系统安全、可靠运行。

对于太阳能热水器集中布置在屋顶上的系统,应在建筑内靠近太阳能集热水箱处统一设置管井,各户太阳能冷热水管统一集中到管井中,与屋顶水箱相连。太阳能集热器与建筑屋面应良好结合,避免太阳能利用设施对建筑外观产生不利影响。

2)太阳能与沼气热水器复合式系统

沼气热水器不应安装在浴室内,应安装在有良好自然通风和采光的单独房间内,同时应安装烟道,将废气排出室外。烟道上部应有不小于0.25m的垂直上升烟道;水平烟道总长度应不小于3m,且应有1%的坡度。烟道直径不得小于热水器烟气出口的直径。安装热水器的房间必须有进气孔和排气孔,孔的有效面积不能小于$0.03m^2$,宜安装排风扇。房间的门和窗应向外开启,门应与卧室门、客厅门隔开。灶具应安放在空气流通且避风的位置,放置高度离地0.8m,距离墙面至少10cm。沼气灯安装高度为1.8~2.0m,与房顶的距离不小于1m。安装构造图详见附录E的E.11。

6 示范村建设示例

6.1 房屋安全性调查及加固

示范村拥有数百栋建筑单体,建筑年代不一,建筑特色多样,具有丰富的村落建筑单体多样性,按建筑年代和结构现状可分为5类。一类建筑占村域建筑总面积的45.55%,建筑年代在2000年左右,砖混结构为主,多为2层,外立面较新,风格现代;二类建筑占村域建筑总面积的33.02%,建筑年代在20世纪90年代左右,砖结构为主,多为2层,建筑外立面有待整治;三类建筑占村域建筑总面积的12.42%,建筑年代在20世纪80~90年代左右,多为砖、土结构,以一层为主,建筑外貌破败,亟待整治修缮;危房建筑占村域建筑总面积的7.41%,基本丧失使用功能,多为土、木结构建筑,已成为残垣断壁,需要拆除或重建;传统建筑占村域建筑总面积的1.59%,建筑年代久远,保存相对完整,具有一定保留价值(图6.1)。

示范村建筑整体安全性能偏低,不适宜于按照50%节能率要求设计改造。大部分农房需加固处理,主要采用扩柱加固、梁碳纤维加固、承重墙钢筋网墙加固三种工艺配合施工。主要工序为:搭设活动脚手架→柱表面粉刷层清理→柱基础开挖→柱钢筋绑扎→模板支护→灌浆料浇筑(柱工艺流程)→梁表面浮灰打磨→梁碳纤维粘贴(梁工艺流程)→承重墙粉刷层清理→钢筋绑扎→抹灰(墙工艺流程)→垃圾清理外运。加固过程中应着重考虑施工人员的安全意识及专业技术能力,施工用电,动火作业和高空作业准备等方面的工作。施工机具包括电工工具、电锤、电焊机、打磨机、刮片、滚筒、钢筋切割机、小五金工具、手电钻等。

碳纤维加固的主要工序包括:混凝土粘贴面处理→配置底胶→涂底胶→配置修补胶→粘贴面修补找平→配置黏浸胶和

裁剪碳纤维布→粘贴碳纤维布→检验→维护。

a)一类建筑　b)一类建筑　c)二类建筑

d)三类建筑　e)危房建筑　f)传统建筑

图 6.1　村庄建筑单体分类

扩柱加固的主要工序包括：清理、修整原结构柱→原结构柱表面凿毛→加固柱周围楼板开洞→植筋成孔→钢筋绑扎→验收→模板安装→灌浆料浇筑。

6.2 热工性能提升

农房热工性能提升拟采用两种方案：一是屋面、外窗、墙体指标严格按照《江苏省居住建筑热环境和节能设计标准》(DGJ32 J71—2008)中规定性指标设计，该方案无须进行权衡计算即可保证农房的50%节能率要求，但造价较高，可行性差；二是对墙体、外窗指标在按照《江苏省居住建筑热环境和节能设计标准》(DGJ32 J71—2008)中规定性指标设计的基础上再提升40%以上，在采用坡屋顶且与室内吊顶闭合形成一定的空气间层的前提下，屋面不再附加保温层，该方案需进行计算、权衡，但造价低、可行性好。

示范村农户改造现场施工如图6.2所示。

a)脚手架搭建

b)保温板粘贴

c)保温板裁剪

图 6.2

d）电锤钻孔

e）安装膨胀螺栓套

f）网格布铺贴

图6.2　示范村农户改造现场施工图

方案一造价增量主要为屋面施工费，保温层施工后屋面瓦、檩条、挂瓦条等面层或结构层的出新或置换等费用。方案二在外墙、外窗性能方面均大幅提高，比《江苏省居住建筑热环境和节能设计标准》（DGJ32 J71—2008）中规定性指标分别提升47.9%、63.5%，用以弥补屋面性能41.5%的不足。从农户改造意愿出发，当农房屋面不存在结构、使用功能等问题时，大规模的屋面施工几乎不被农户认同，可行性不高。综合考虑，方案二造价更低、可操作性更强。

6.3　建筑色调方案

在建筑设计中合理应用色彩，能在很大程度上改善并提高人们的生活质量，使建筑在满足人们物质需要的同时，使人精神愉悦且带来亲切的感受。色调方案应重视对建筑设计中色彩的应用研究,避免设计中色彩混乱,易于理解色彩的物理价值、识别价值、美化价值和情感功能,突出建筑主题、符合情感需求、营造建筑环境。农房的主色调采用白色、黑色与浅黄色(图6.3)三种及混搭。白色象征着情景、纯洁、素雅、明朗和高远,具有最大的明度,有向外扩展的视觉感受;黑色象征着庄严、神圣、肃穆;黄色象征光明、辉煌、希望。色彩混搭时应注意通过建筑的立体感、层次感表达需求,通过跳色设计识别屋面系统、墙面系统、外窗系统功能,使人感观愉悦。

a)白色

b)黄色

c)黑色

图6.3　建筑主色彩

6.4　建筑文化展现

村落文化的建筑表达,主要体现在物质文化、社会文化两个方面。其中,物质文化要素以民居为中心,酒肆茶坊为延伸,体现居住与娱乐；社会文化要素以庙观、祠堂为中心，建筑立面符号、图案为延伸，体现传统与信仰（图6.4）。

a)民居　b)酒肆茶坊　c)祠堂　d)符号和图案

图6.4　建筑文化要素展现

6.5 建筑外饰面与乡土材料

农房饰面层采用涂料饰面、挂面饰面相结合的设计方案。其中,涂料饰面除采用常规的普通刷浆、美术刷浆、墙面喷涂外,大面积使用稻胶材料,见图6.5;挂面饰面除使用瓷砖、石材外,大面积使用竹木包覆,见图6.6。

a)普通刷浆

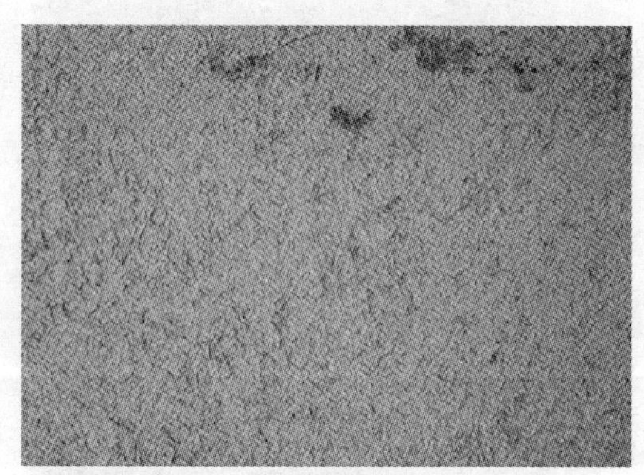

b)稻胶饰面

图6.5 涂料饰面

以天然竹木为原料的外墙饰面,不仅防潮,还能保温,造价低、环保、艺术性强,乡土气息浓重,竹木也能给人稳重、安逸的视觉效果。稻胶材料采用一定比例的稻草及胶浆配合而成,可在一定程度上提高外墙的热工性能,同时稻胶取材方便、制作设备简单,在建筑外墙外观出新的同时最大限度地维持原貌。

a)石材饰面

b)竹木饰面

图6.6 挂面饰面

6.6 建筑功能性附件与乡土材料

建筑附件的主要功能为提升室内空间舒适度、增强居住安全性以及外观美化等。进行乡村建筑改造时,对于已有的建筑附件可以进行更换或者修缮,同时也可以为既有建筑增加建筑附件。

1)阳台护栏

阳台护栏作为房屋内外交互区域的重要构件,对保障居住安全、美化立面外观有重要作用。因农房年久失修,阳台护栏的缺陷主要体现在粉刷层脱落(图6.7)、阳台护栏损坏(图6.8),护栏高度过低(图6.9)三个方面。

图 6.7　粉刷层脱落

图 6.8　阳台护栏损坏

图 6.9　阳台护栏高度过低

示范区房屋的阳台护栏进行改造时,对于年久失修的阳台护栏以及高度设计不合理的阳台进行更换。将原有的阳台护栏拆除,新加的护栏采用木质护栏,木质护栏与房屋改造的整体风格相融合(图 6.10)。对于可以继续使用的阳台护栏,采用修缮翻新的改造方式,保留原有的构件形式(图 6.11)。对原有阳台护栏修缮时,护栏立面粉刷颜色选择与建筑立面整体色调相协调的颜色,并在护栏上绘制线条图案进行装饰。

2)外遮阳

外遮阳可有效避免因阳光直射产生的过热问题,同时也是外窗系统的重要组成部分,对突出外窗在外墙面中的视觉比重具有重要意义。外遮阳改造主要采用木瓦结合、钢瓦结合及格栅式外遮阳三种工艺。其中,木瓦结合主要用于窗檐改造[图 6.12a)];钢瓦结合主要用于建筑外部回廊改造,以钢为柱、瓦为顶[图 6.12b)]。

格栅式外遮阳的改造方式装饰性效果极强,能够根据装饰效果的需求,设计各种造型优美的格栅遮阳构件。当外墙采用全立面竹木包覆时,为有效避免金属外窗与木质墙面的视觉冲突,可采用木质格栅式活动外遮阳,见图 6.13a);对无通风需求的固定外窗可采用木质固定式外遮阳,见图6.13b);当对外立面存在复杂的艺术需求时,可采用金属镂空外遮阳,见图6.13c)。

图6.10 阳台护栏更换

图6.11 阳台护栏修缮

a)木瓦结合

b)钢瓦结合

图6.12 木瓦、钢瓦结合外遮阳

a)木质格栅式活动外遮阳

b)木质固定式外遮阳

c)金属镂空外遮阳

图 6.13　格栅式外遮阳

6.7 庭院绿化与建筑绿化

乡土植物可以改善空气质量、美化环境,维持生态平衡,作为乡村景观的重要构成要素之一,它也是人居环境建设水平的重要标志。从村落结构机理来看,乡村绿化可分为村落外围空间绿化、村落内部公共空间绿化、庭院空间绿化和建筑绿化四个层次。作为村落公共空间与建筑空间的缓冲地带,庭院空间绿化是公共空间绿化向建筑绿化过渡的自然纽带。从生态意义上讲,人工建筑和自然植被本不可调和,孤立的建筑绿化难免突兀。若以庭院空间绿化为过渡,将建筑绿化视为公共空间绿化的自然延伸,不仅有利于村落绿化系统的层次化布局,也能为建筑绿化找到源点。

庭院绿化的建设更体现人们的个性特色,也是古村落植物景观建设中最具有创意的部分,能够发挥村落中居民的聪明才智,使植物景观更加丰富多彩。在示范村中,以废弃砖瓦、枯木、竹木为承载的盆栽是院落节点小景庭院绿化的主要表现方式(图6.14)。

图6.14 庭院小景

示范村农房结构安全性现状不适宜大规模建筑种植技术的应用，退而求其次，我们采用了适度绿化外加功能植入的改造方式。图6.15表示了阳台改造，以轻钢和竹木搭建遮阳空间，以吊兰形式种植植物，图6.16天台绿化采用夹具连接的方法设置点缀盆栽。

图6.15　阳台绿化

图6.16　天台绿化

6.8　外挂设备隐藏式设计

如何处理好传统文化的传承、新与旧的交替、几种建筑风貌并存的关系，是建筑外立面改造的重点。乡村建筑改造需要以多维度、多角度、多层次的思路，依据国家出台的“美丽乡村”建设指导意见，通过对已建成的民居改造进行实地考察，确定“尊重民意、求同存异、修旧如旧、经济适用”的改造原则，以满足农户基本的生产生活需求为出发点，最大限度地保留村落建筑的差异化、多元化，用一种或多种元素使得整个村落风貌有所统一、有所联系。

随着经济的发展，农村居民对居住环境的舒适度要求也在逐渐提高，以前在城市中使用的空调、热水器等设备在农村中大量涌现。在对农村建筑进行改造时，需要考虑居民对生活质量的要求。因此，建筑立面改造方案中需要考虑对建筑立面的外挂设备进行隐藏式设计，从而在达到建筑外观改造效果的同时满足居民的生活需求。

基于空调工作原理，居民安装空调时需要在室外配套安装空调室外机。空调室外机的安装位置随着空调室内机的位置不同而不同，有的空调室外机安放在室外地面，有的利用支架固定在墙面。空调室外机对建筑立面的整体视觉影响较大，需要对其进行隐藏式改造设计。利用木格栅或者铝合金格栅对空调机位进行包装（图 6.17），在满足功能的同时，其形式可以与建筑形态相融合，不显突兀。在选择格栅材质和颜色时与建筑立面的整体色调风格相统一。

图 6.17　空调室外机隐藏式设计

现代生活对电能的依赖度越来越高，每家每户都需要接入电网。另外，随着网络技术的发展，网络进入平常百姓家也是非常常见的事情。因此，室外电表箱扮演着送电入户、送网入户的角色。农村房屋的电表箱一般设置在建筑的外墙面上，电表箱材质多为金属或者塑料。在对示范区房屋建筑进行改造时，利用木质板材进行室外电表箱遮挡设计（图 6.18），同时木质板材兼做外墙装饰构件。

雨水管作为排除屋面雨水的管道是必不可少的。雨水管在建筑立面的视觉效果是竖直的线条,对于线性的外挂设备可以采用与建筑立面装饰线条相结合的方式进行融合设计,以达到隐藏的效果。对于示范村房屋的雨水管,采用与建筑立面装饰线条相融合的改造方式(图6.19),对雨水管喷涂颜料或者直接更换其他颜色的雨水管,雨水管颜色选择与建筑立面的整体色调、立面装饰线条的色调相协调的颜色,雨水管位置选择在外墙边缘。

图6.18　室外电表箱隐藏式设计

a)更换雨水管

b)雨水管喷涂颜料

图6.19　雨水管隐藏式设计

附 录 A

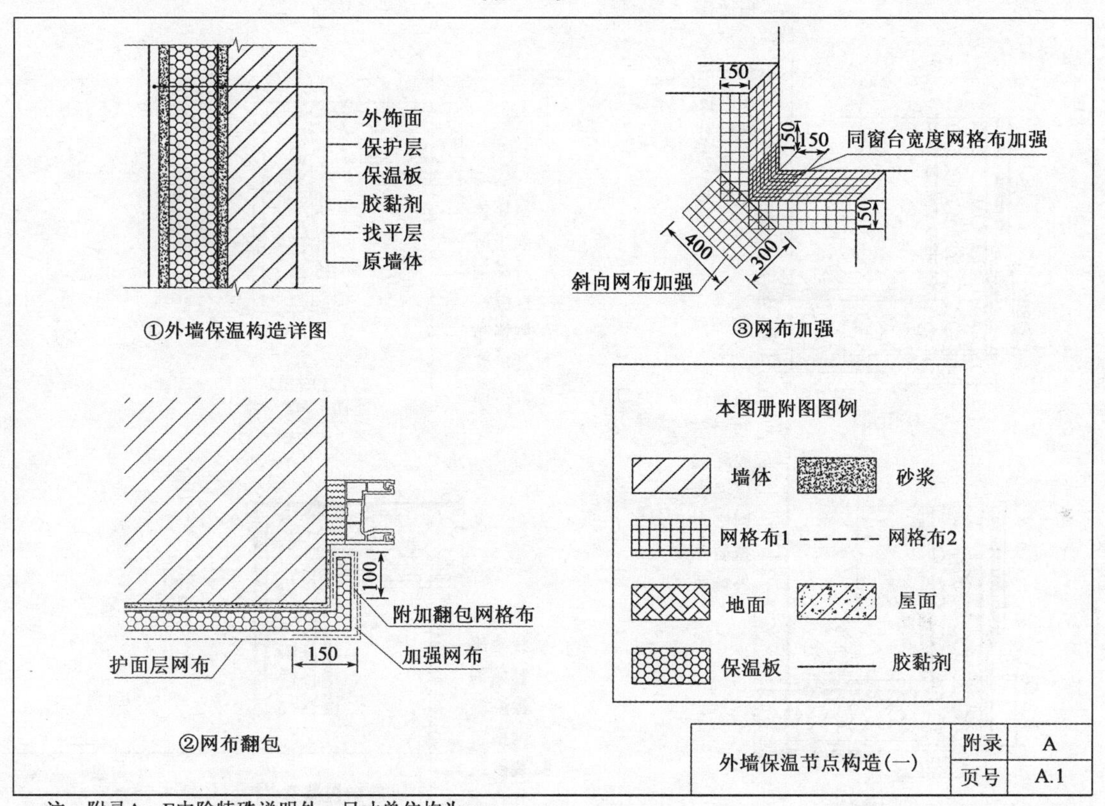

注：附录A～E中除特殊说明外，尺寸单位均为mm。

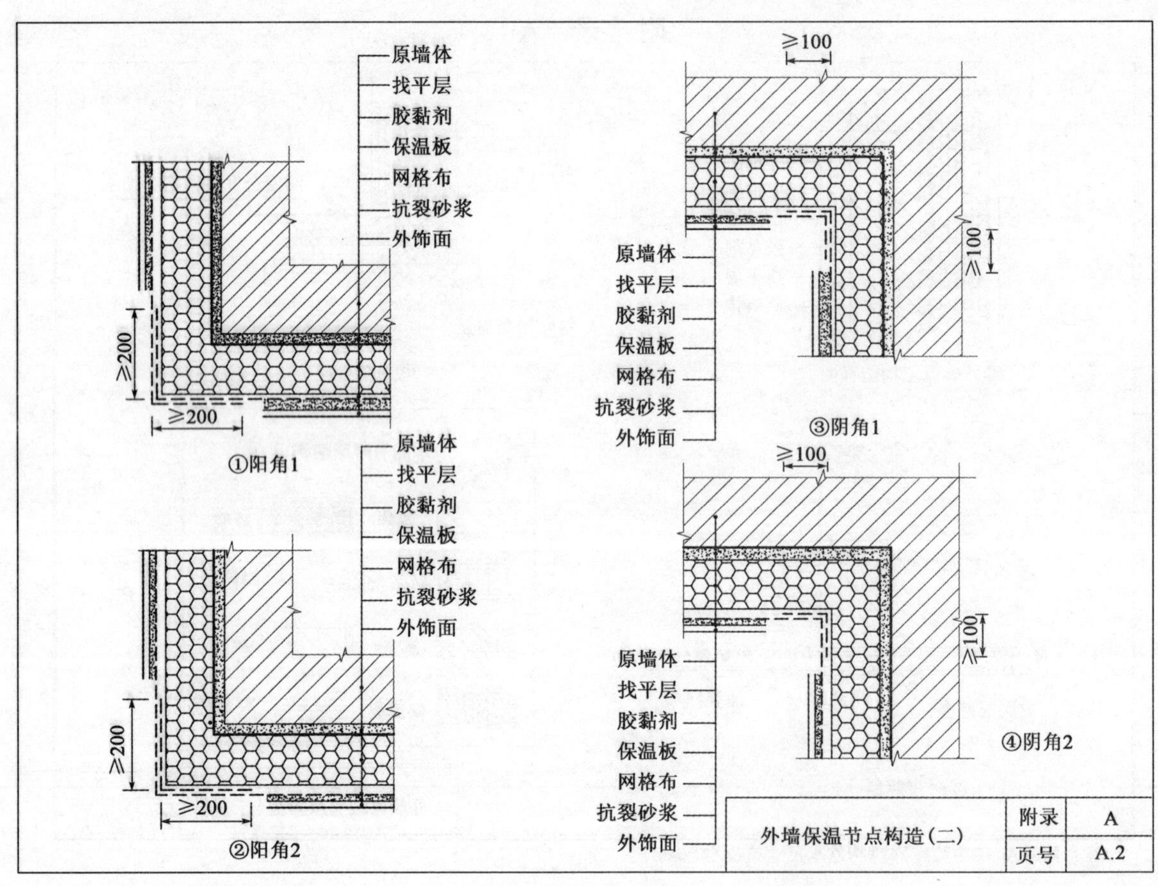

外墙保温节点构造（二）	附录	A
	页号	A.2

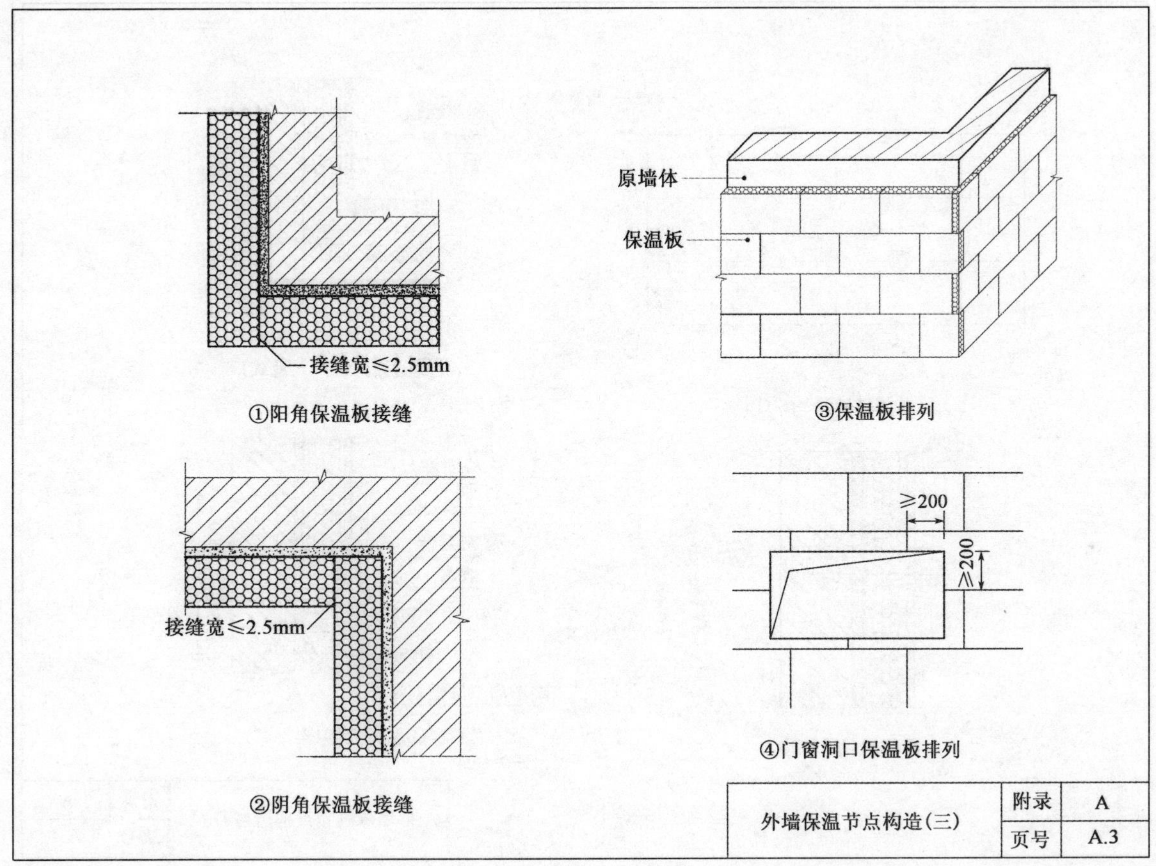

①阳角保温板接缝

②阴角保温板接缝

③保温板排列

④门窗洞口保温板排列

外墙保温节点构造(三)	附录	A
	页号	A.3

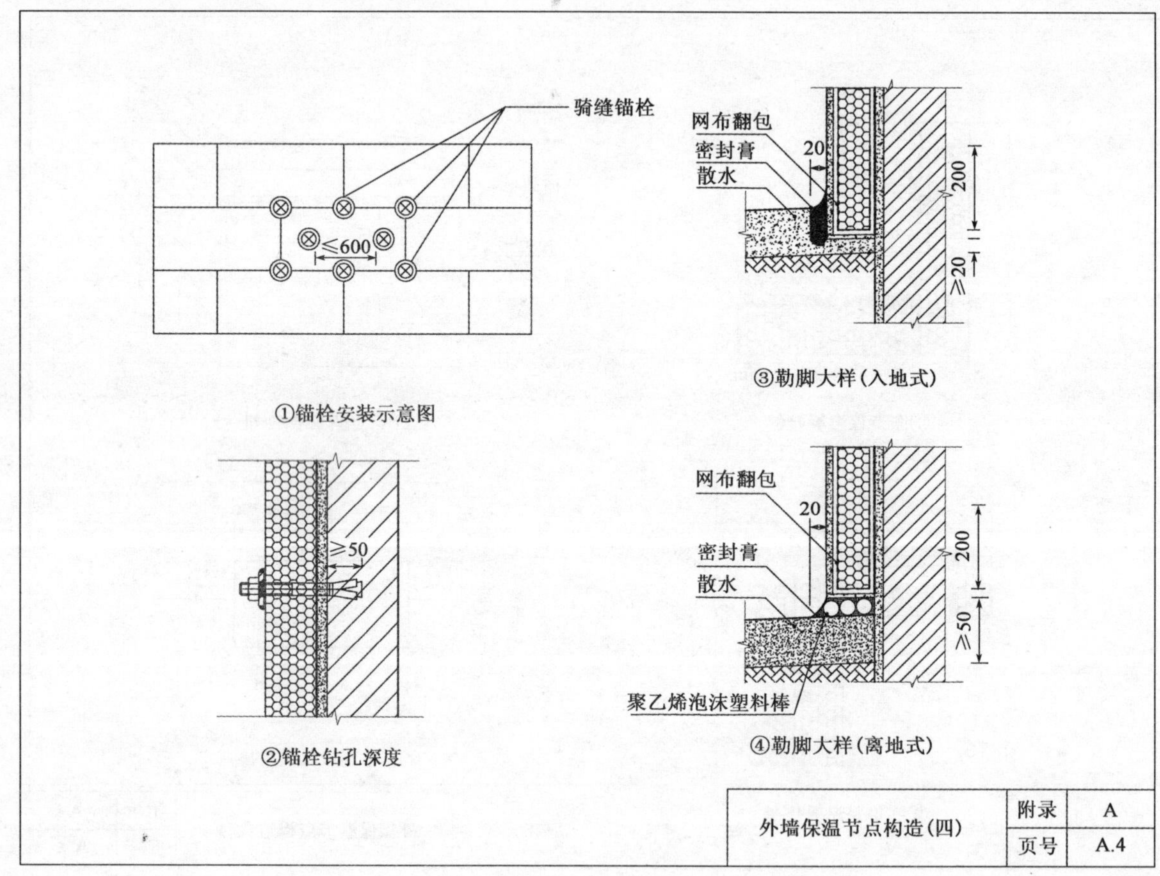

外墙保温节点构造(四)	附录	A
	页号	A.4

附　录　B

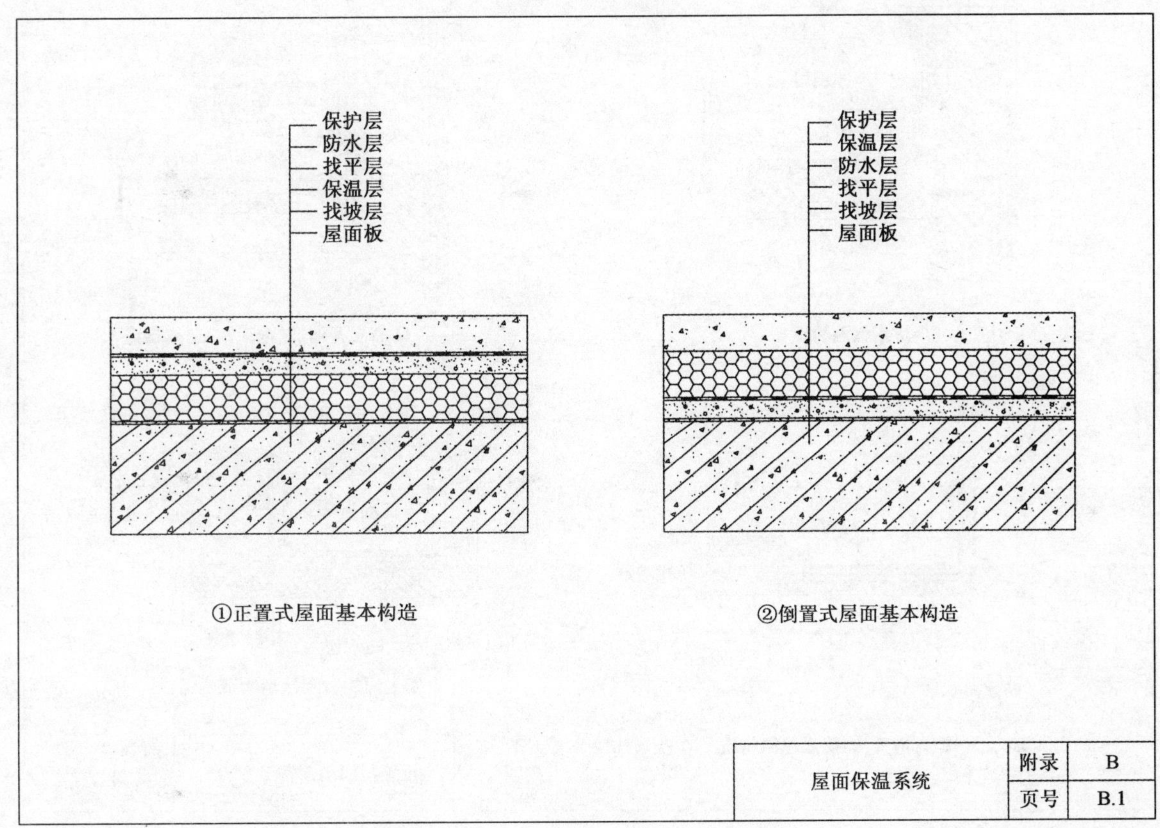

①正置式屋面基本构造

②倒置式屋面基本构造

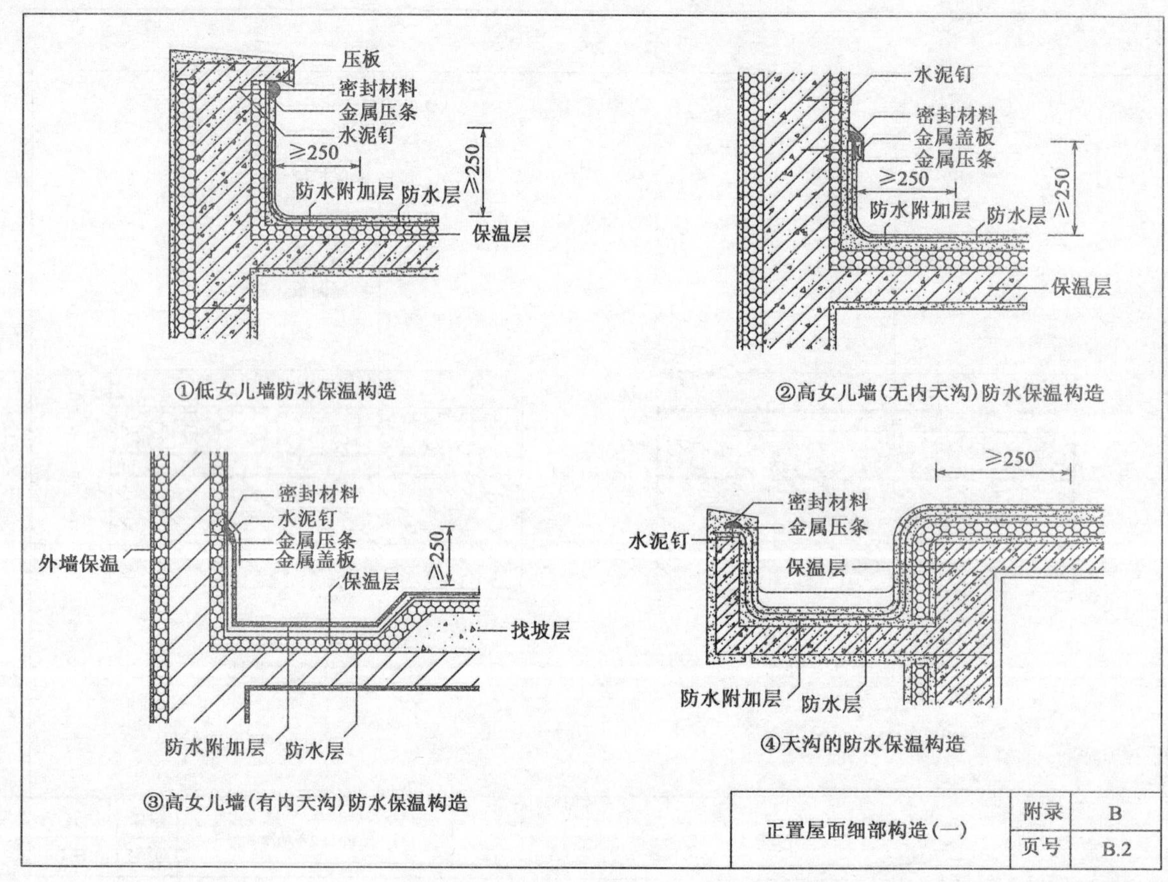

①低女儿墙防水保温构造

②高女儿墙(无内天沟)防水保温构造

③高女儿墙(有内天沟)防水保温构造

④天沟的防水保温构造

正置屋面细部构造(一)	附录	B
	页号	B.2

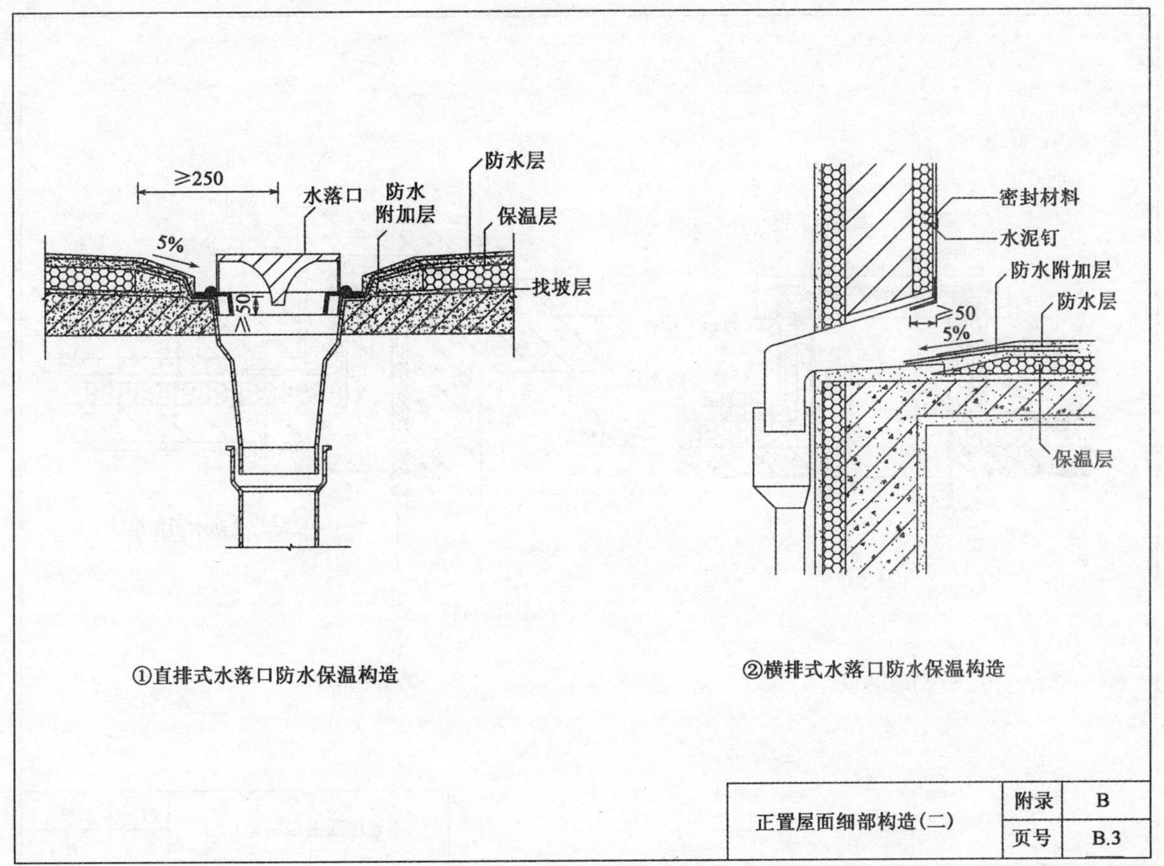

①直排式水落口防水保温构造

②横排式水落口防水保温构造

正置屋面细部构造(二)	附录	B
	页号	B.3

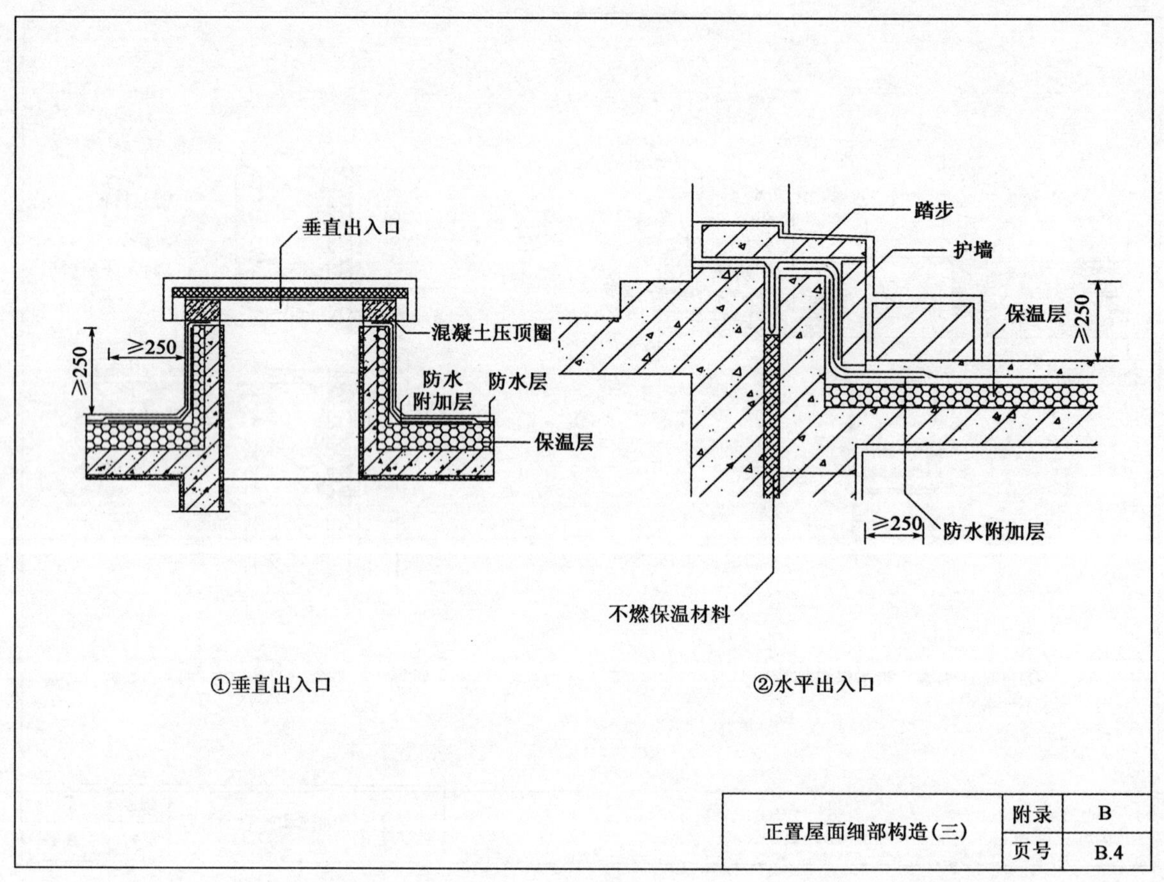

①垂直出入口

②水平出入口

正置屋面细部构造(三)	附录	B
	页号	B.4

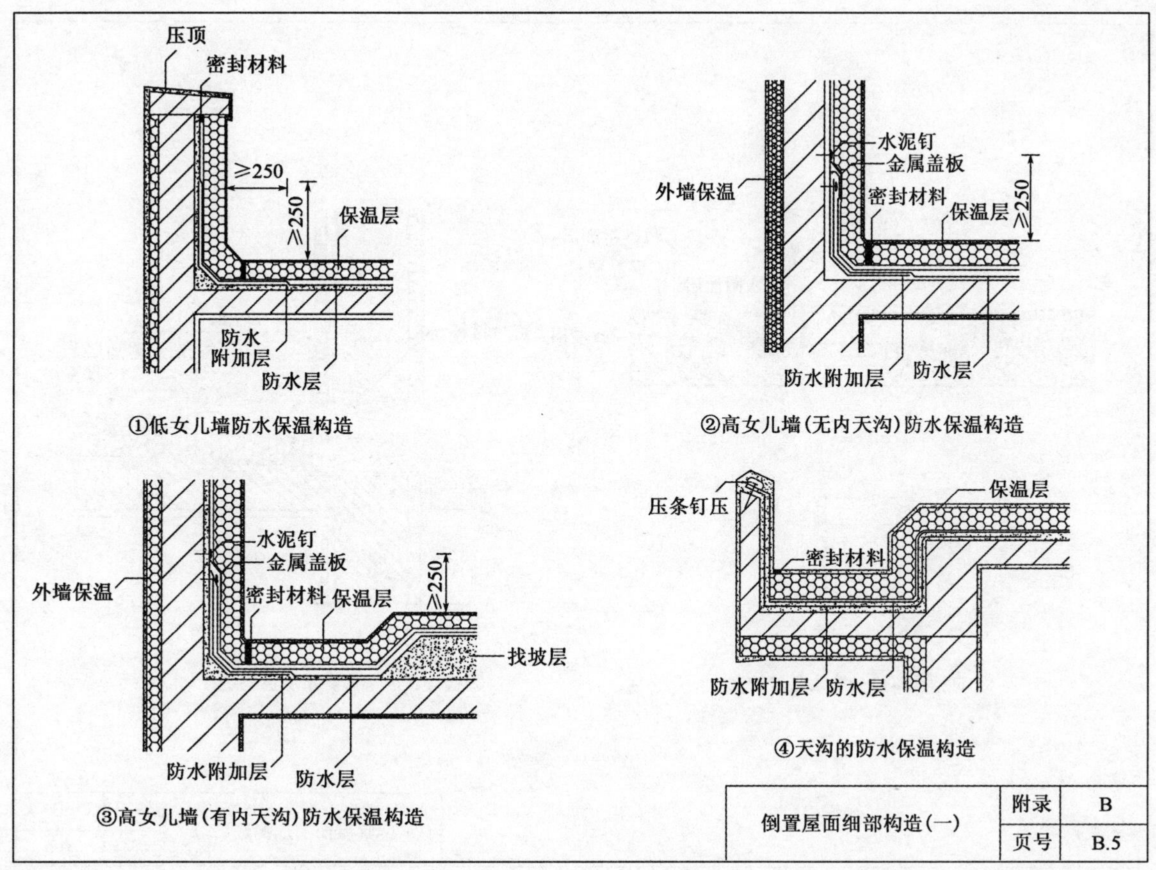

倒置屋面细部构造（一）	附录	B
	页号	B.5

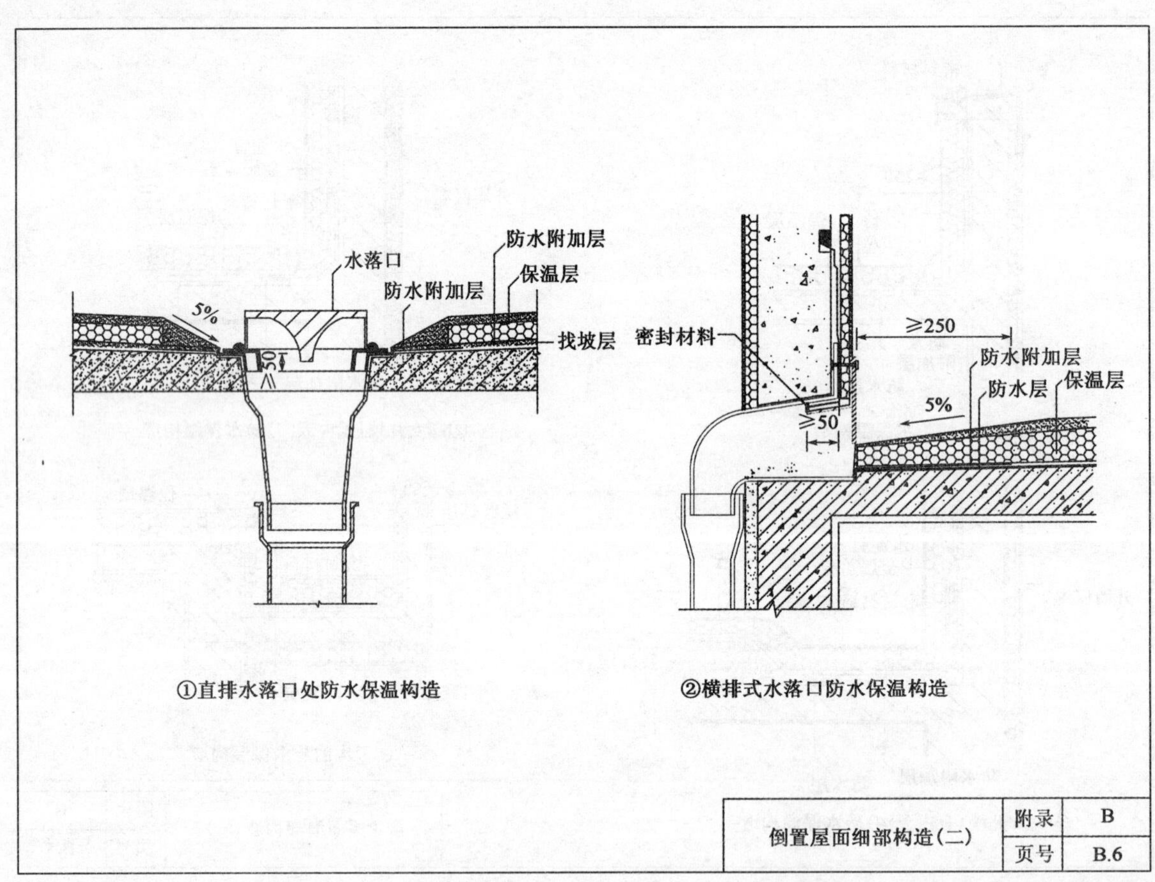

①直排水落口处防水保温构造

②横排式水落口防水保温构造

倒置屋面细部构造(二)	附录	B
	页号	B.6

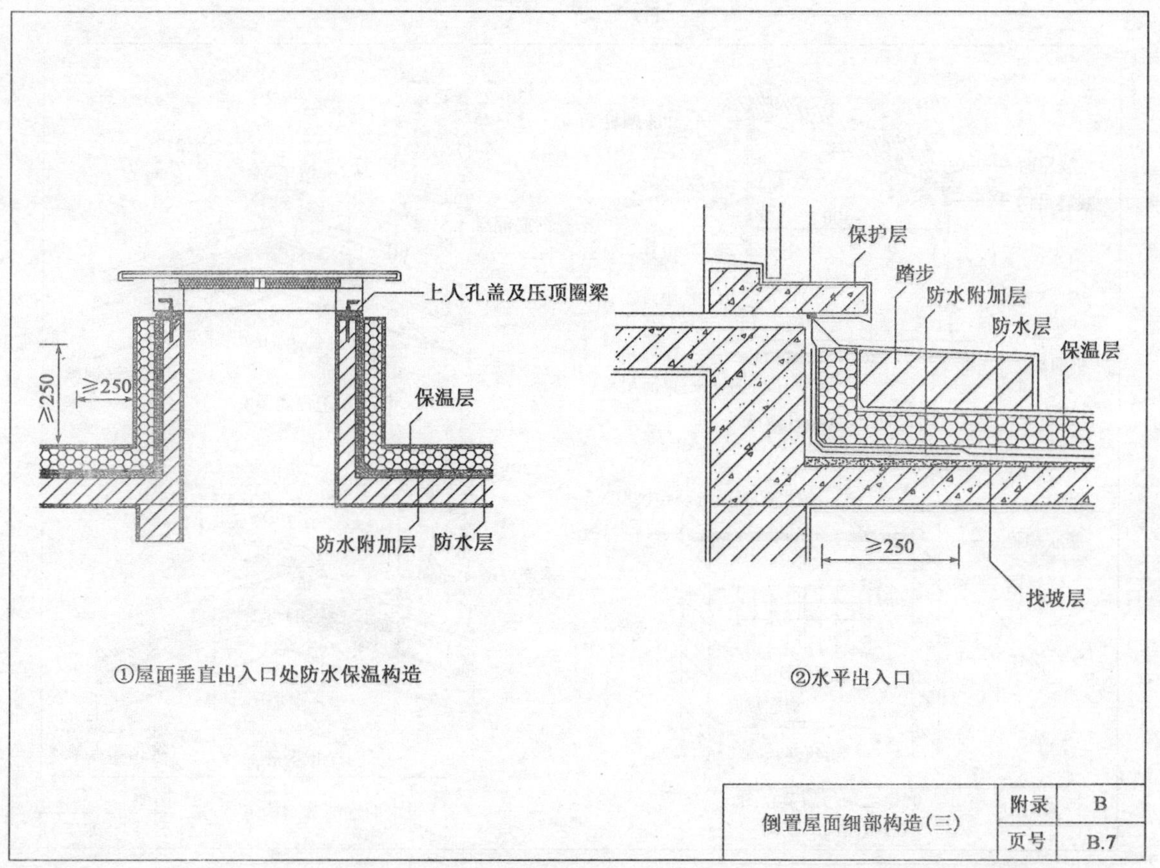

①屋面垂直出入口处防水保温构造

②水平出入口

倒置屋面细部构造(三)	附录	B
	页号	B.7

附 录 C

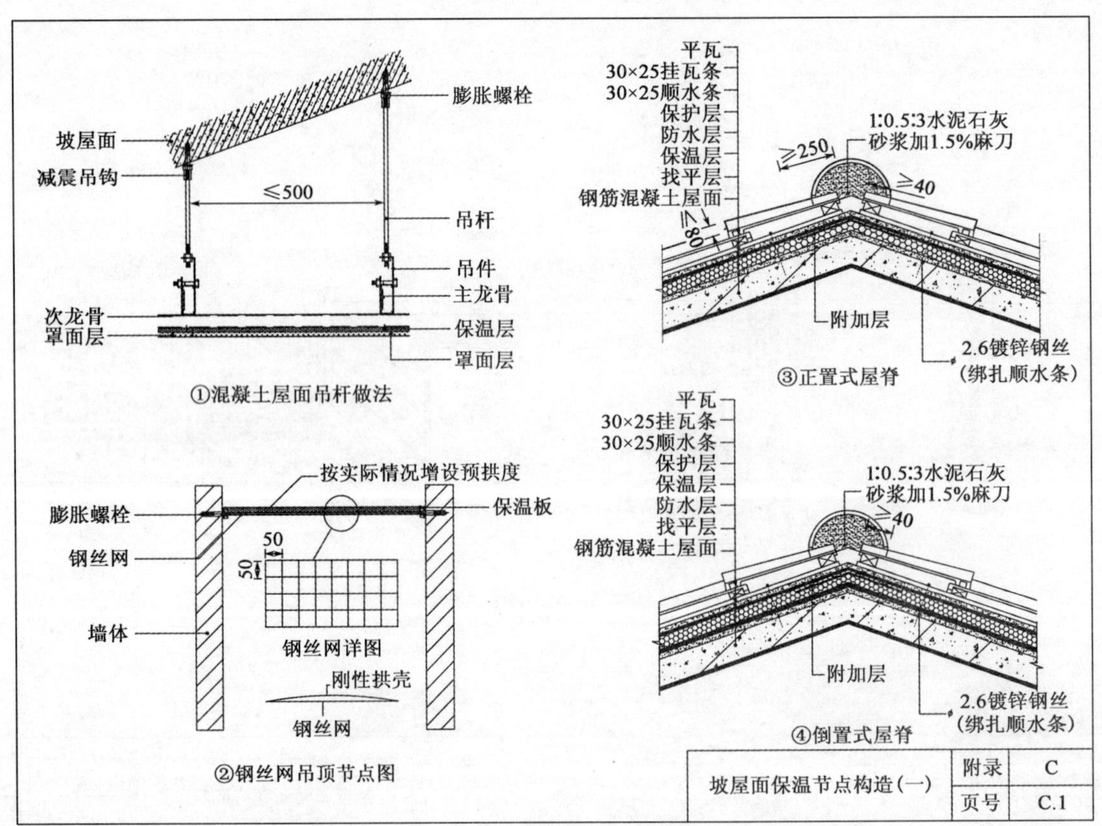

坡屋面保温节点构造(一)	附录	C
	页号	C.1

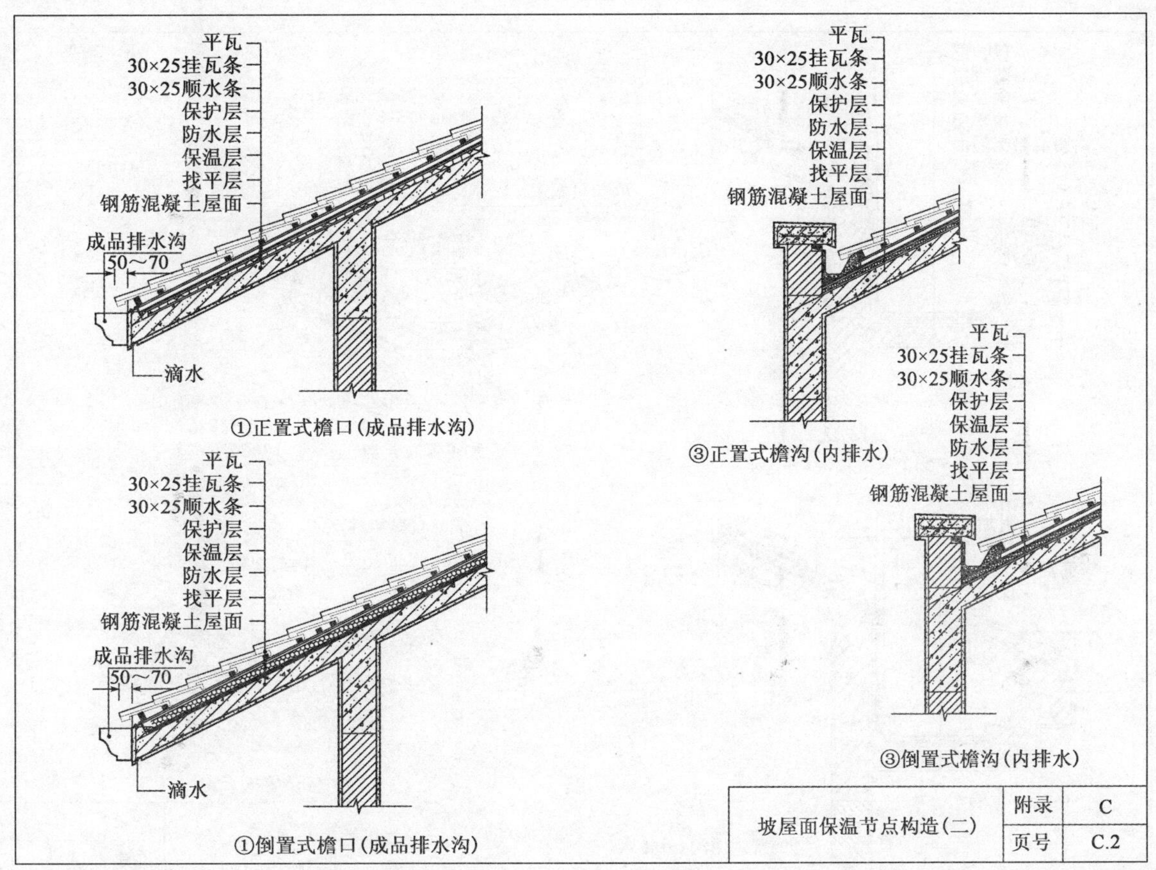
平瓦
30×25挂瓦条
30×25顺水条
保护层
防水层
保温层
找平层
钢筋混凝土屋面
成品排水沟
50～70
滴水
①正置式檐口(成品排水沟)
平瓦
30×25挂瓦条
30×25顺水条
保护层
保温层
防水层
找平层
钢筋混凝土屋面
成品排水沟
50～70
滴水
①倒置式檐口(成品排水沟)
平瓦
30×25挂瓦条
30×25顺水条
保护层
防水层
保温层
找平层
钢筋混凝土屋面
③正置式檐沟(内排水)
平瓦
30×25挂瓦条
30×25顺水条
保护层
保温层
防水层
找平层
钢筋混凝土屋面
③倒置式檐沟(内排水)
坡屋面保温节点构造(二)
附录 C
页号 C.2

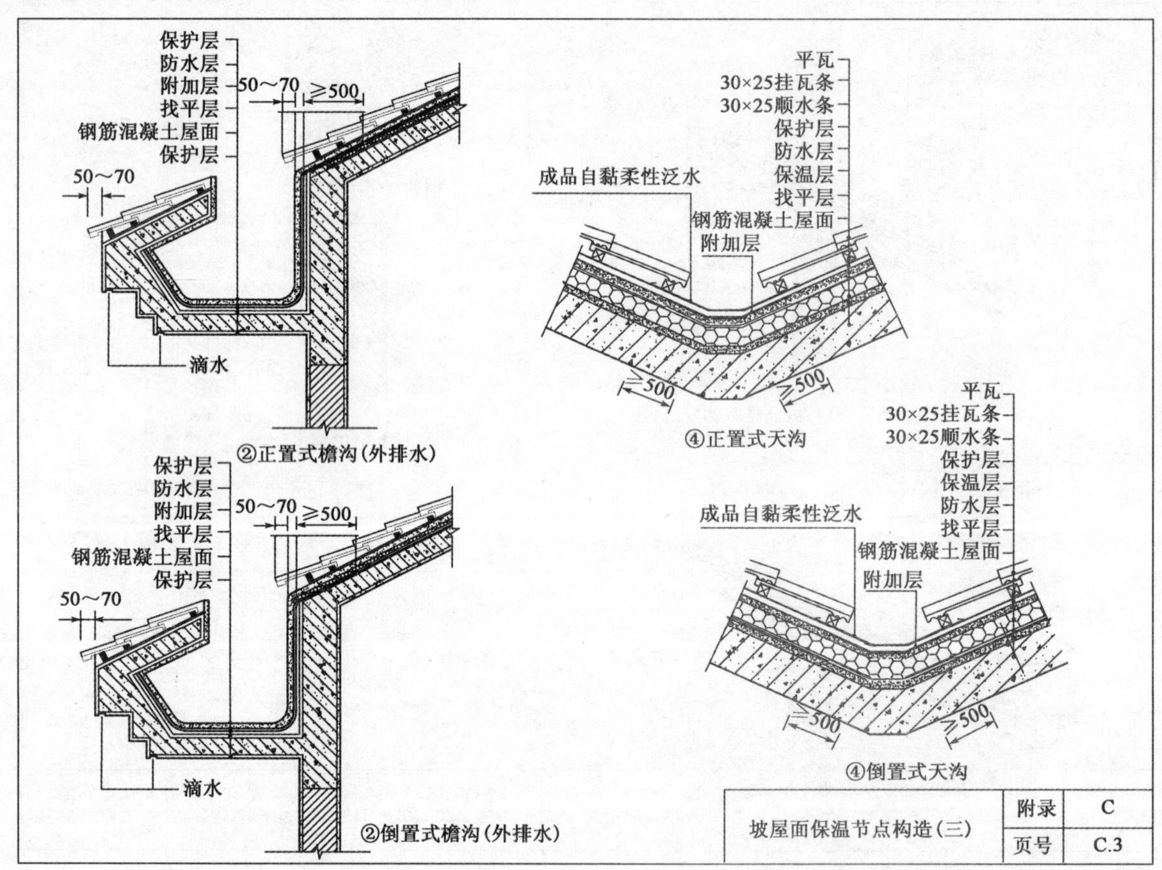

坡屋面保温节点构造(三)	附录	C
	页号	C.3

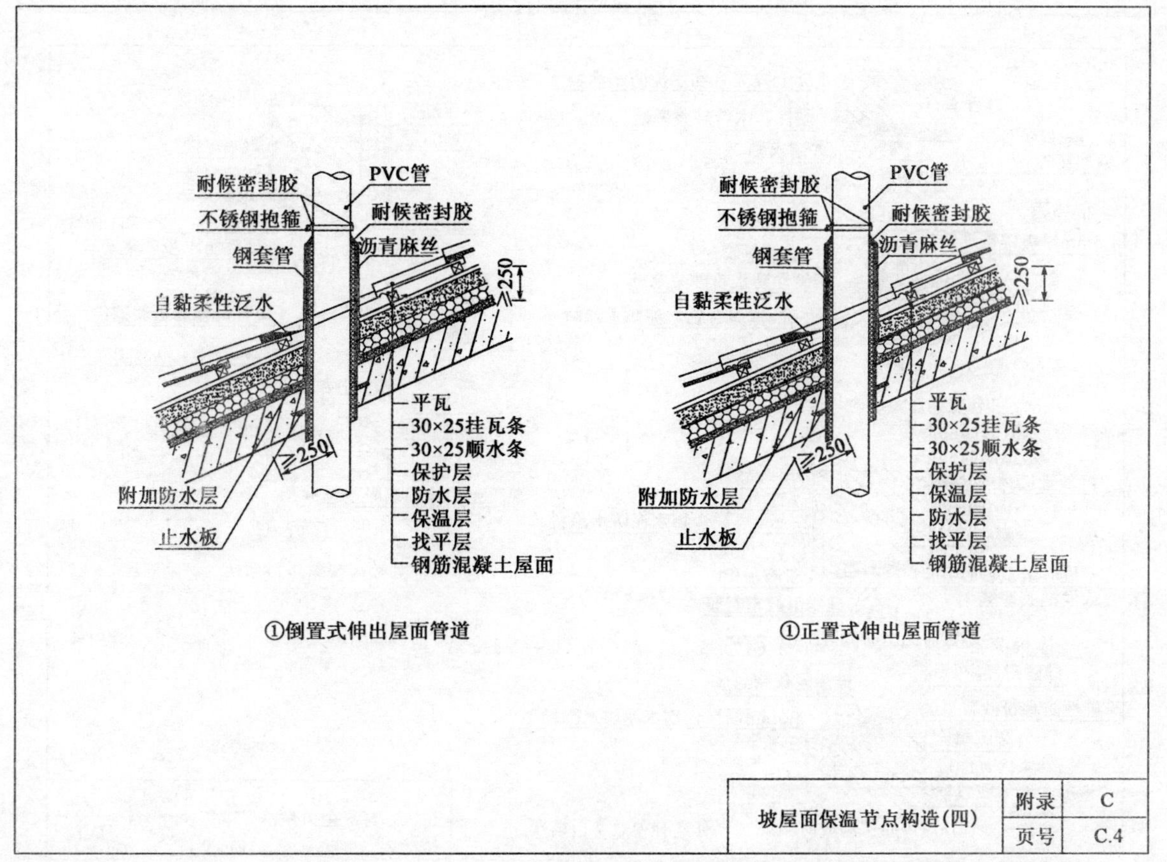

①倒置式伸出屋面管道

①正置式伸出屋面管道

附 录 D

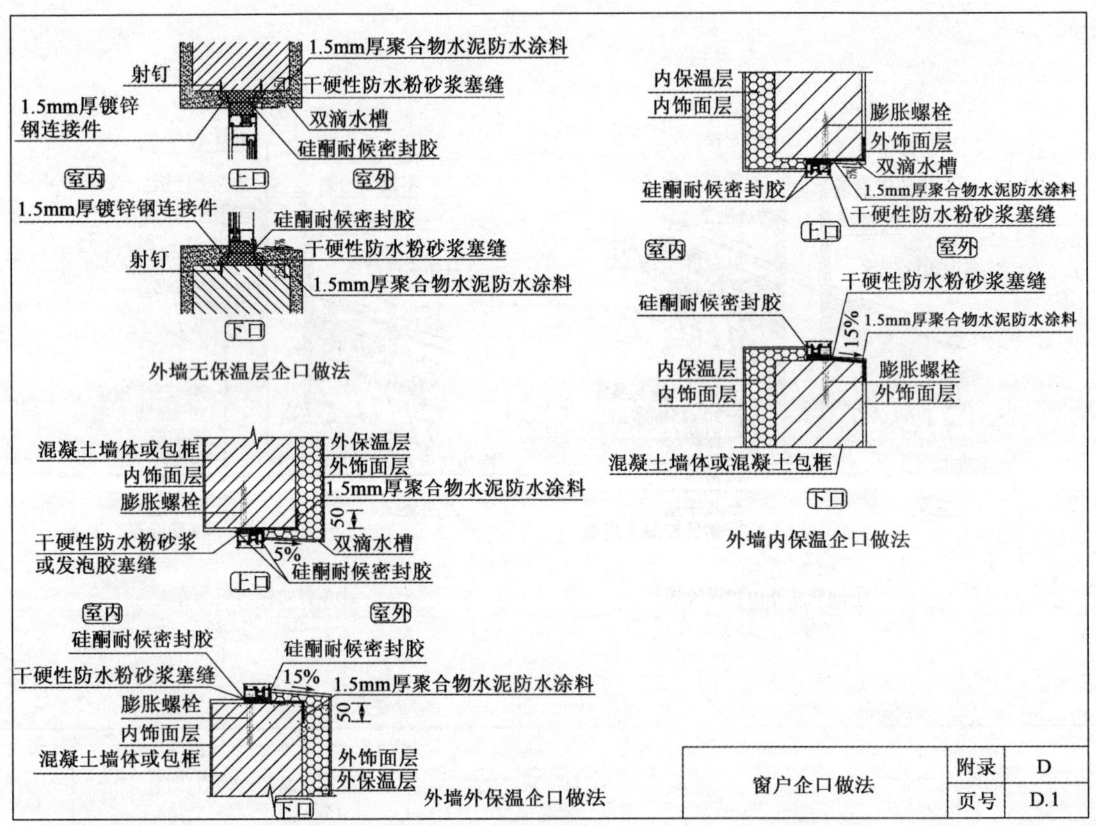

窗户企口做法	附录	D
	页号	D.1

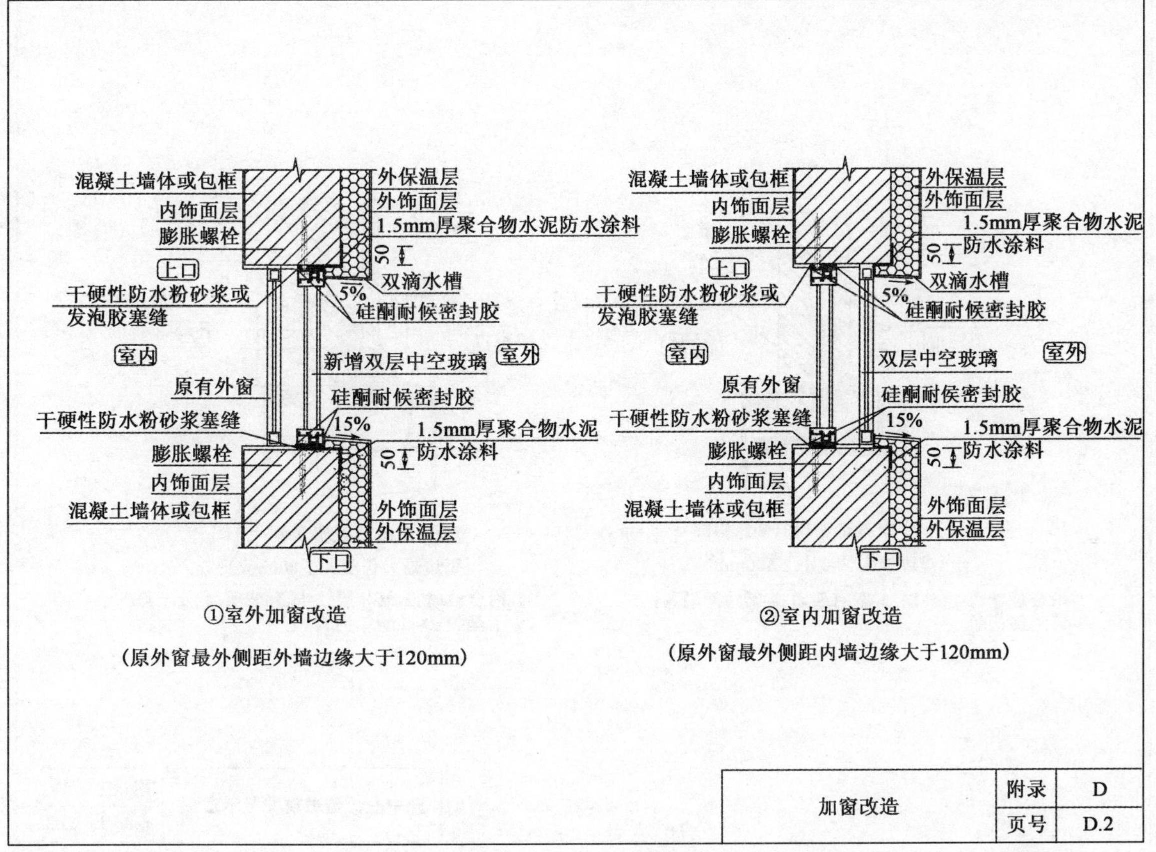

①室外加窗改造

(原外窗最外侧距外墙边缘大于120mm)

②室内加窗改造

(原外窗最外侧距内墙边缘大于120mm)

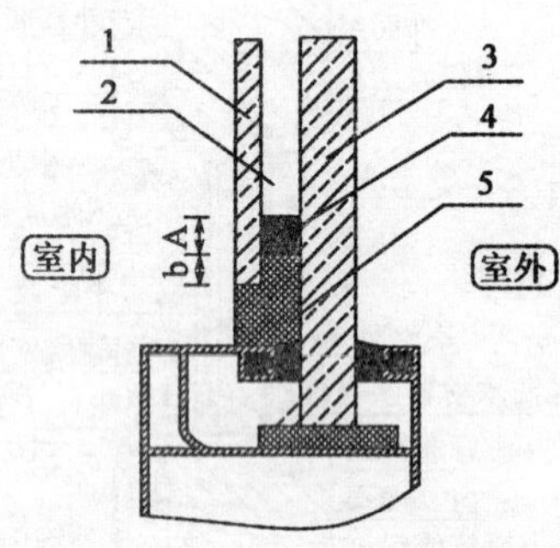

①微中空改造玻璃安装结构图

(短边最大长度小于800mm)

1-附合玻璃;2-气体层;3-既有玻璃;4-暖边间隔条;5-硅酮结构胶

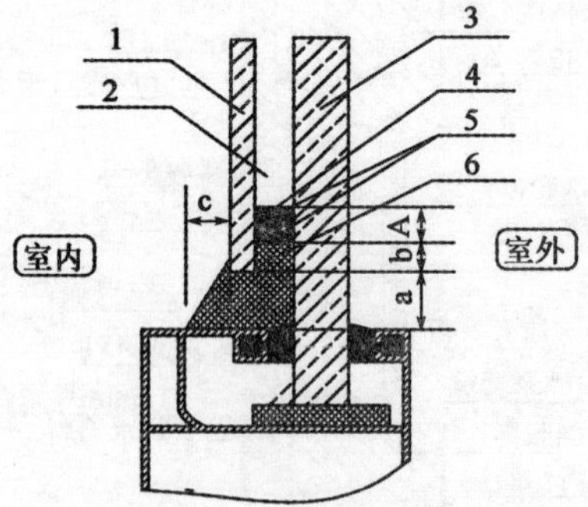

②微中空改造玻璃安装示意图

(短边最大长度大于800mm)

1-附合玻璃;2-气体层;3-既有玻璃;4-分子筛;5-丁基胶;6-硅酮结构胶

微中空改造玻璃安装示意图	附录	D
	页号	D.3

A
B
①立面图
化学螺栓
方管
细木工板
方管
钢化玻璃
②剖面图A
结构层
水泥射钉
粉刷层
保温及饰面基线不超过门扣件厚度
结构层
水泥射钉
粉刷层
保温及饰面基线不超过门扣件厚度
月牙锁
钢化
③剖面图B

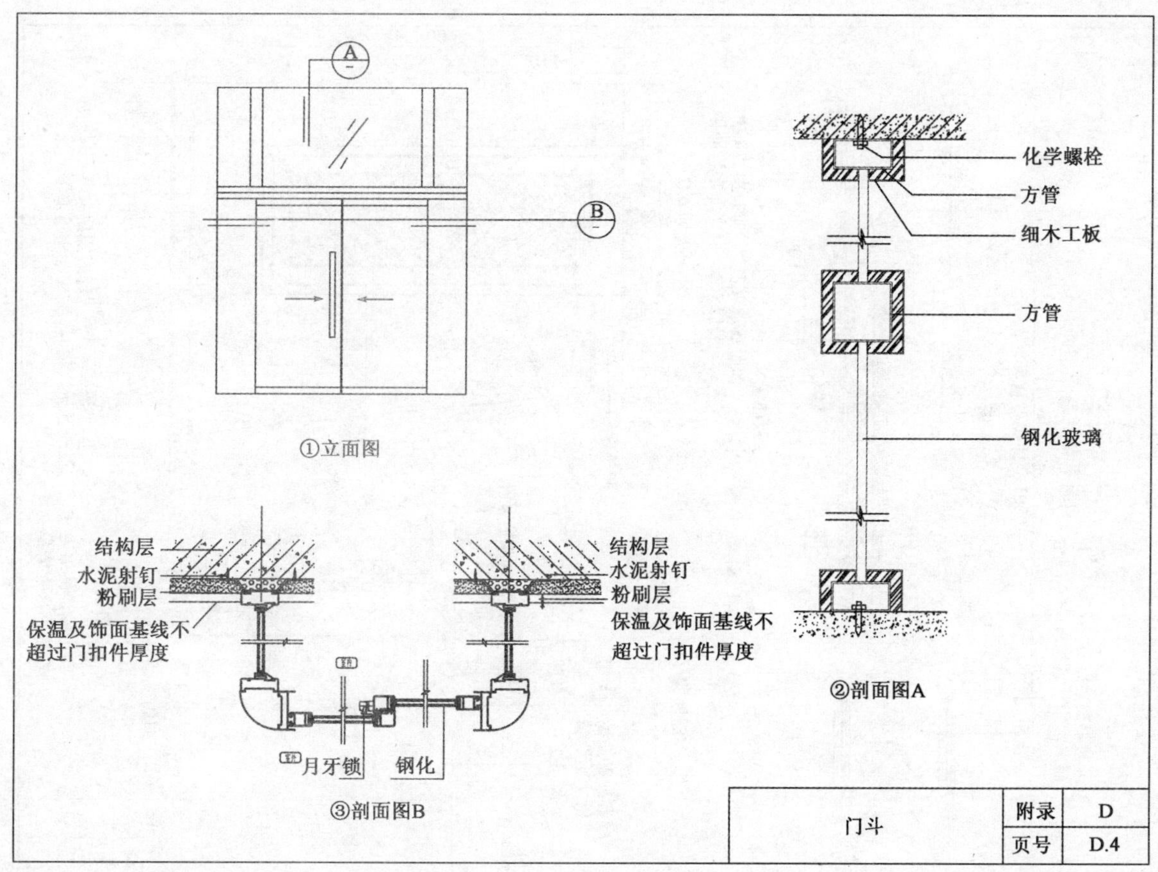

门斗	附录	D
	页号	D.4

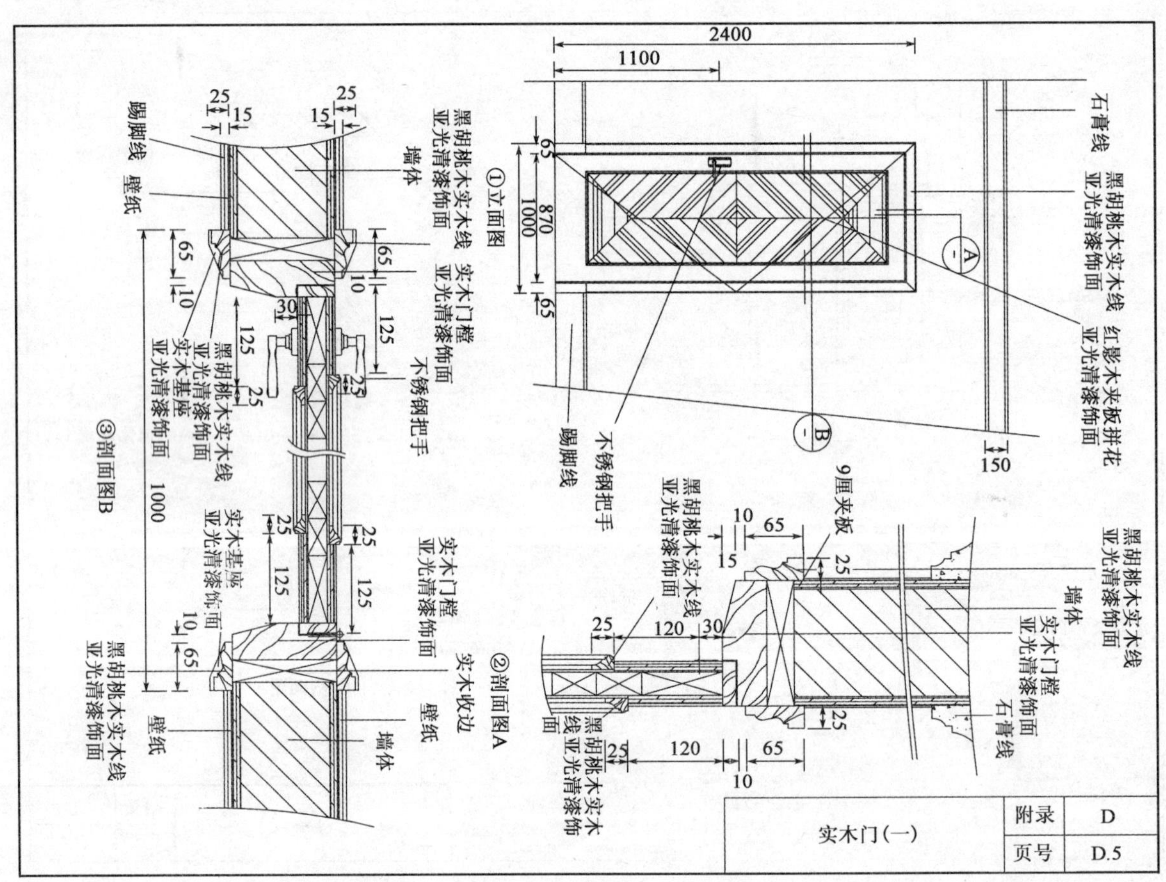
①立面图
②剖面图A
③剖面图B
2400
1100
石膏线
黑胡桃木实木线亚光清漆饰面
红影木夹板拼花亚光清漆饰面
不锈钢把手
踢脚线
墙体
壁纸
实木门樘亚光清漆饰面
实木基座亚光清漆饰面
实木收边
9厘夹板
实木门(一)
附录
D
页号
D.5

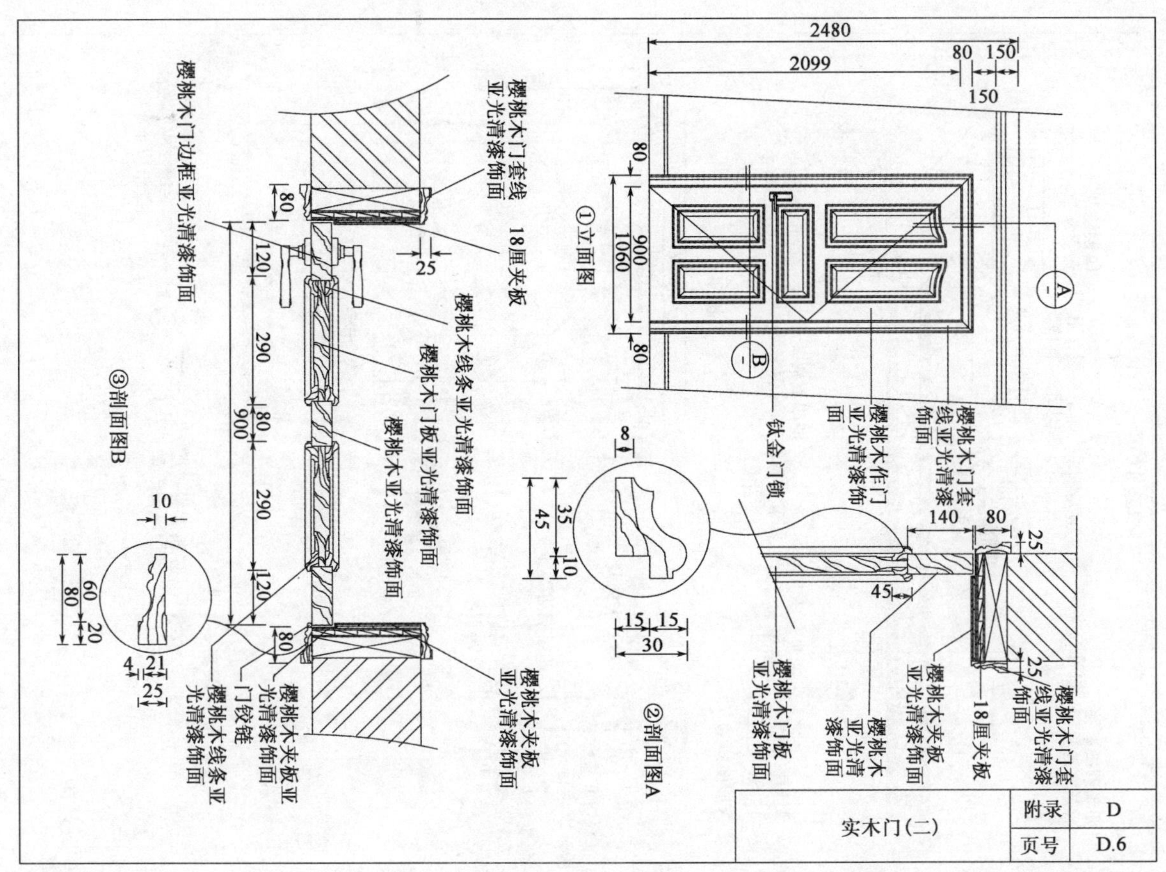
①立面图
2480
2099
80
150
樱桃木门套线亚光清漆饰面
樱桃木作门亚光清漆饰面
钛金门锁
②剖面图A
樱桃木门板亚光清漆饰面
樱桃木亚光清漆饰面
樱桃木夹板亚光清漆饰面
18厘夹板
樱桃木门套线亚光清漆饰面
③剖面图B
樱桃木门边框亚光清漆饰面
樱桃木门套线亚光清漆饰面
18厘夹板
樱桃木线条亚光清漆饰面
樱桃木门板亚光清漆饰面
樱桃木亚光清漆饰面
樱桃木夹板亚光清漆饰面
门铰链
樱桃木夹板亚光清漆饰面
樱桃木线条亚光清漆饰面
实木门(二)
附录 D
页号 D.6

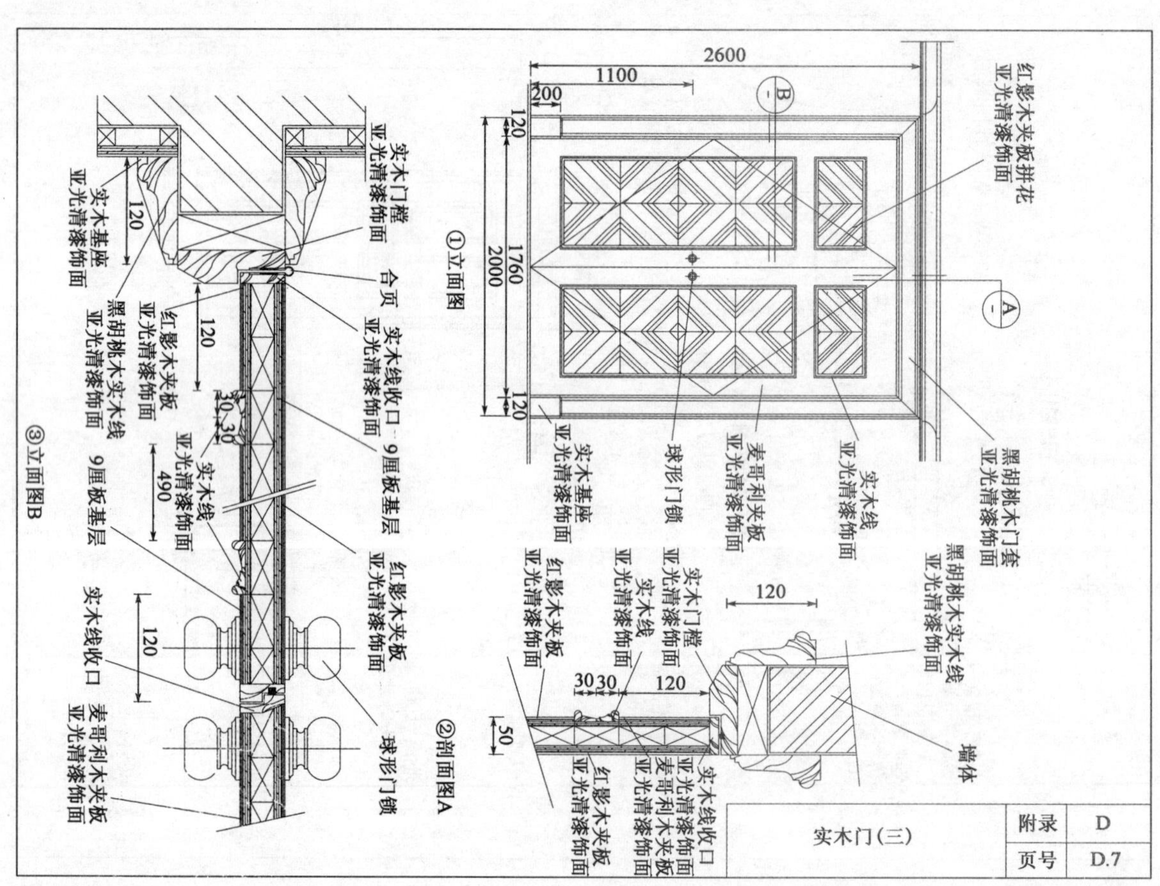
①立面图
2600
1100
200
120
1760
2000
120
B
A
红影木夹板拼花
亚光清漆饰面
黑胡桃木门套
亚光清漆饰面
实木线
亚光清漆饰面
麦哥利夹板
亚光清漆饰面
球形门锁
实木基座
亚光清漆饰面
②剖面图A
黑胡桃木实木线
亚光清漆饰面
120
实木门樘
亚光清漆饰面
实木线
亚光清漆饰面
红影木夹板
亚光清漆饰面
30 30 120
50
墙体
实木线收口
亚光清漆饰面
麦哥利木夹板
亚光清漆饰面
红影木夹板
亚光清漆饰面
③立面图B
实木门樘
亚光清漆饰面
合页
实木线收口
亚光清漆饰面
9厘板基层
红影木夹板
亚光清漆饰面
球形门锁
实木基座
亚光清漆饰面
120
黑胡桃木实木线
亚光清漆饰面
红影木夹板
亚光清漆饰面
120
30 30
实木线
亚光清漆饰面
490
9厘板基层
实木线收口
120
麦哥利木夹板
亚光清漆饰面
实木门(三)
附录 D
页号 D.7

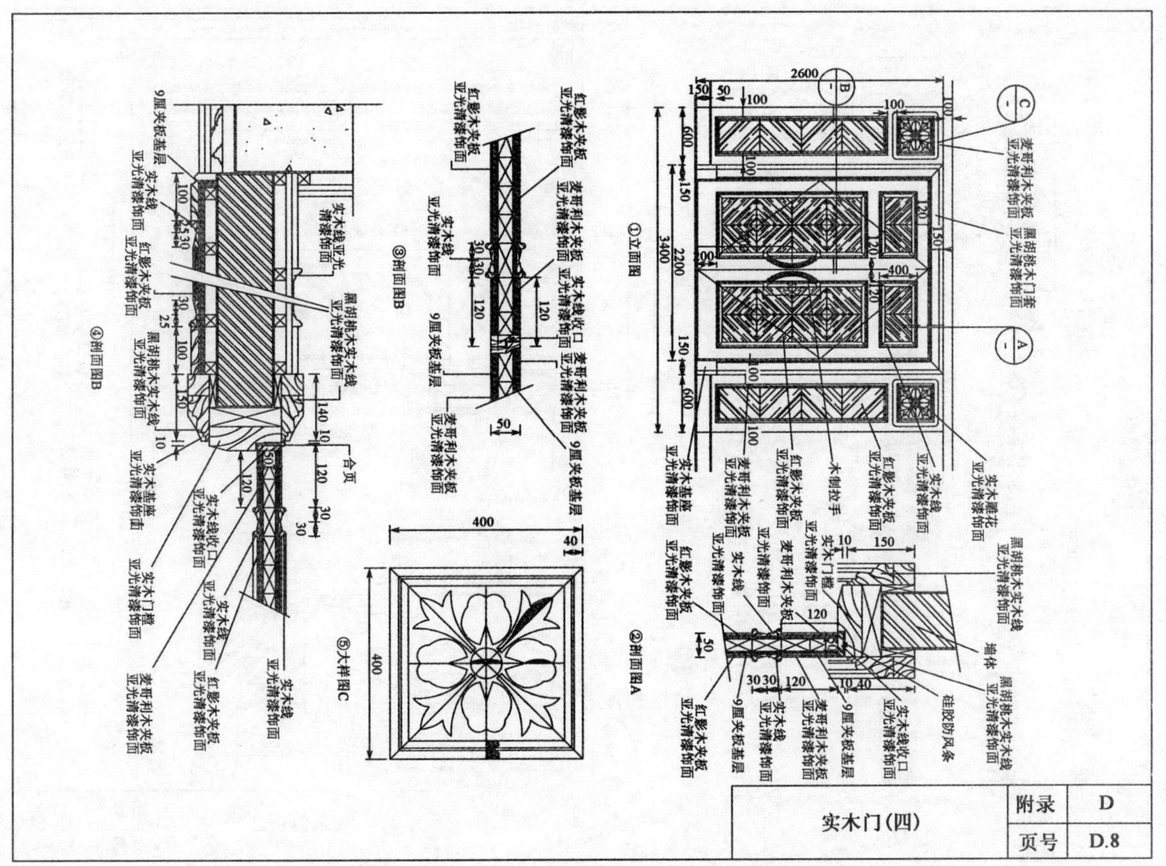

实木门(四)	附录	D
	页号	D.8

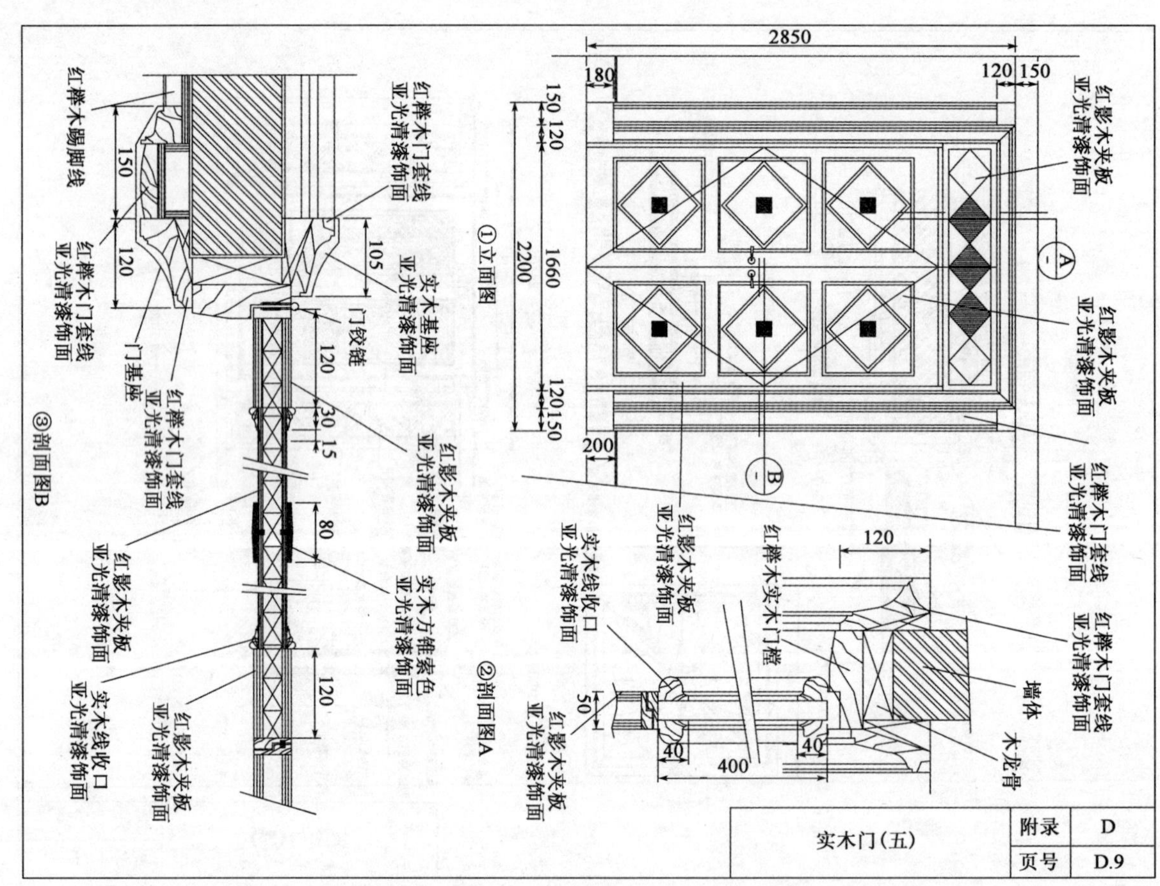

实木门(五)	附录	D
	页号	D.9

附　录　E

太阳能集热器
高位储热水箱
太阳能热媒供水管
太阳能热媒回水管
通大气
生活
给水管
辅助
热源
膨胀罐
集热系统循环泵
热水给水管
热水回水管
①强制循环间接加热单水箱系统原理图
太阳能热媒回水管
集热系统循环泵
生活给水管
膨胀罐
容积式水加热器
辅助热源
容积式水加热器
太阳能热媒供水管
热水回水管
生活给水管
排污管
太阳能集热器
②强制循环间接(直接)加热双罐系统原理图
附录E图例
压力表
温度计
安全阀
自动排气阀
Y型过滤器
止回阀
阀门
液压浮球阀
循环泵
光热建筑一体化(一)
附录
E
页号
E.1

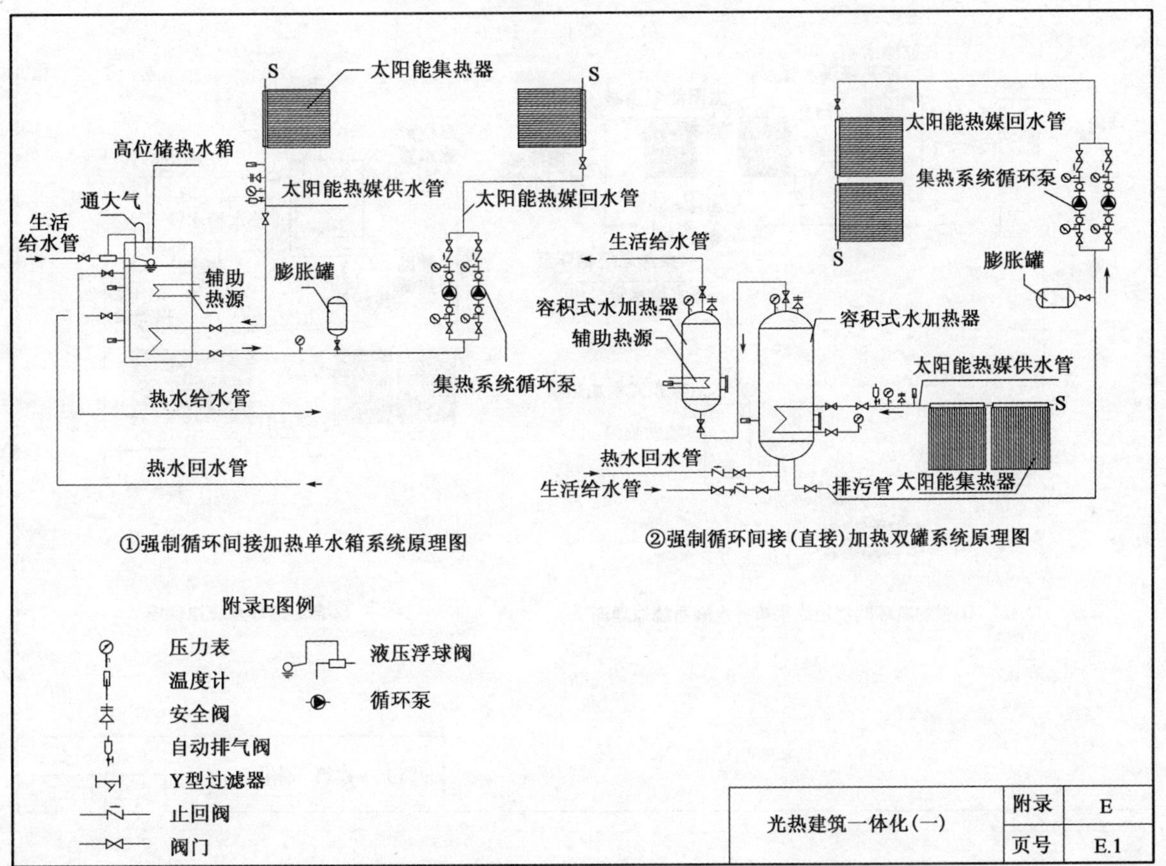

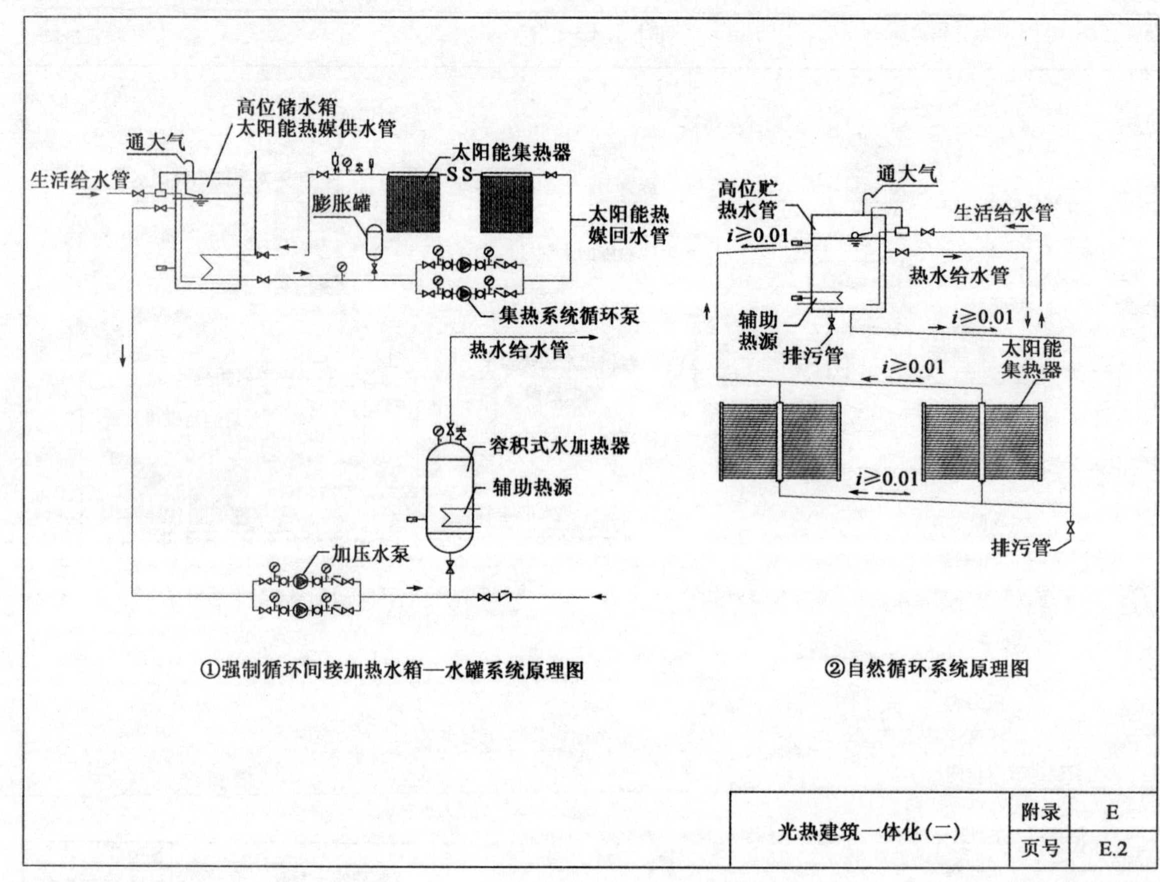

①强制循环间接加热水箱—水罐系统原理图

②自然循环系统原理图

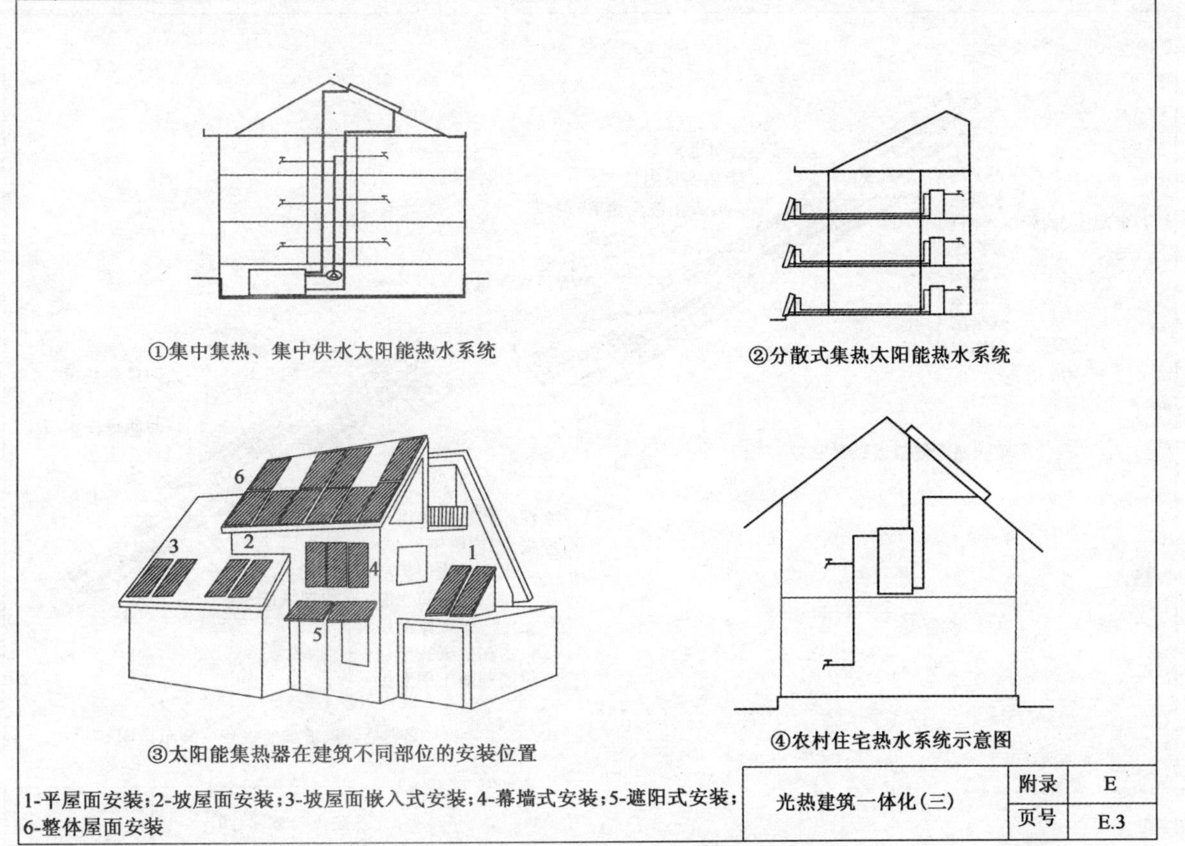

①集中集热、集中供水太阳能热水系统

②分散式集热太阳能热水系统

③太阳能集热器在建筑不同部位的安装位置

④农村住宅热水系统示意图

1-平屋面安装；2-坡屋面安装；3-坡屋面嵌入式安装；4-幕墙式安装；5-遮阳式安装；6-整体屋面安装

光热建筑一体化(三)	附录	E
	页号	E.3

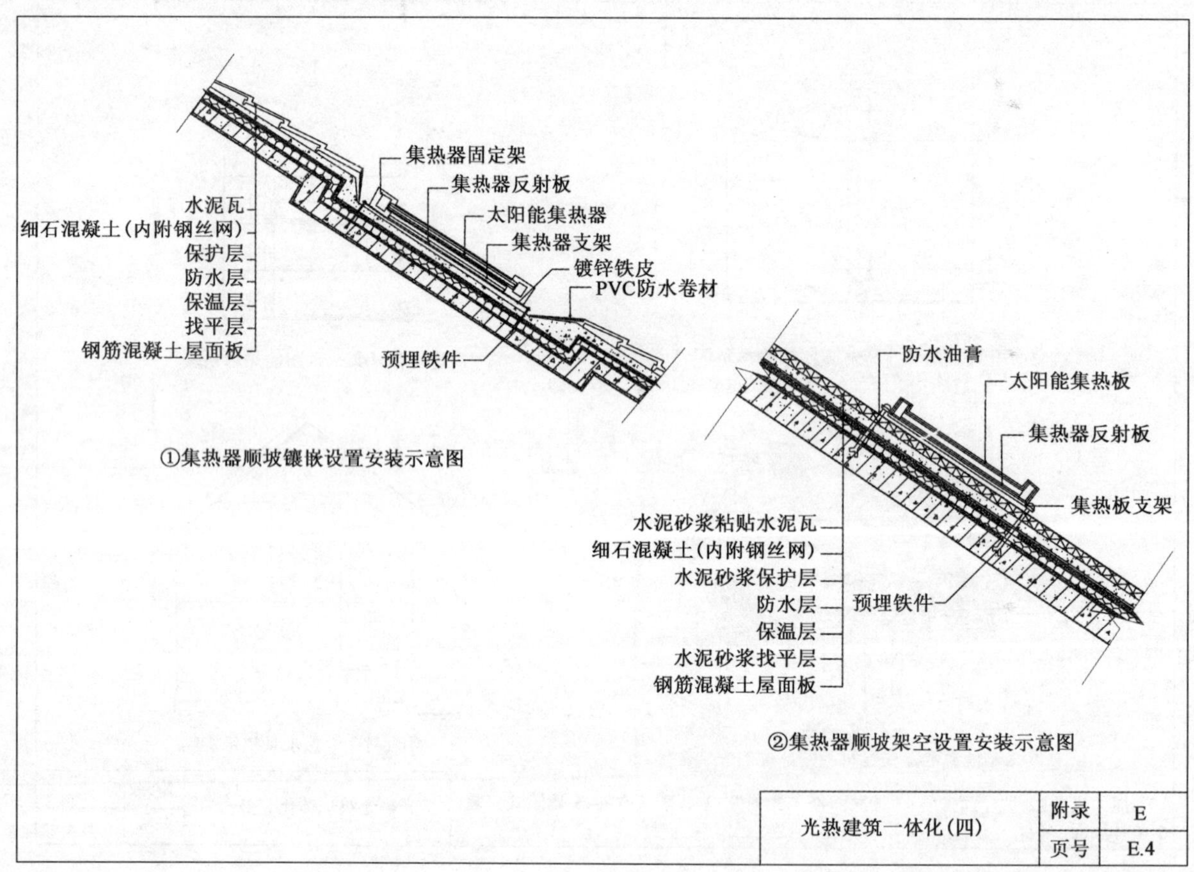

光热建筑一体化(四)	附录	E
	页号	E.4

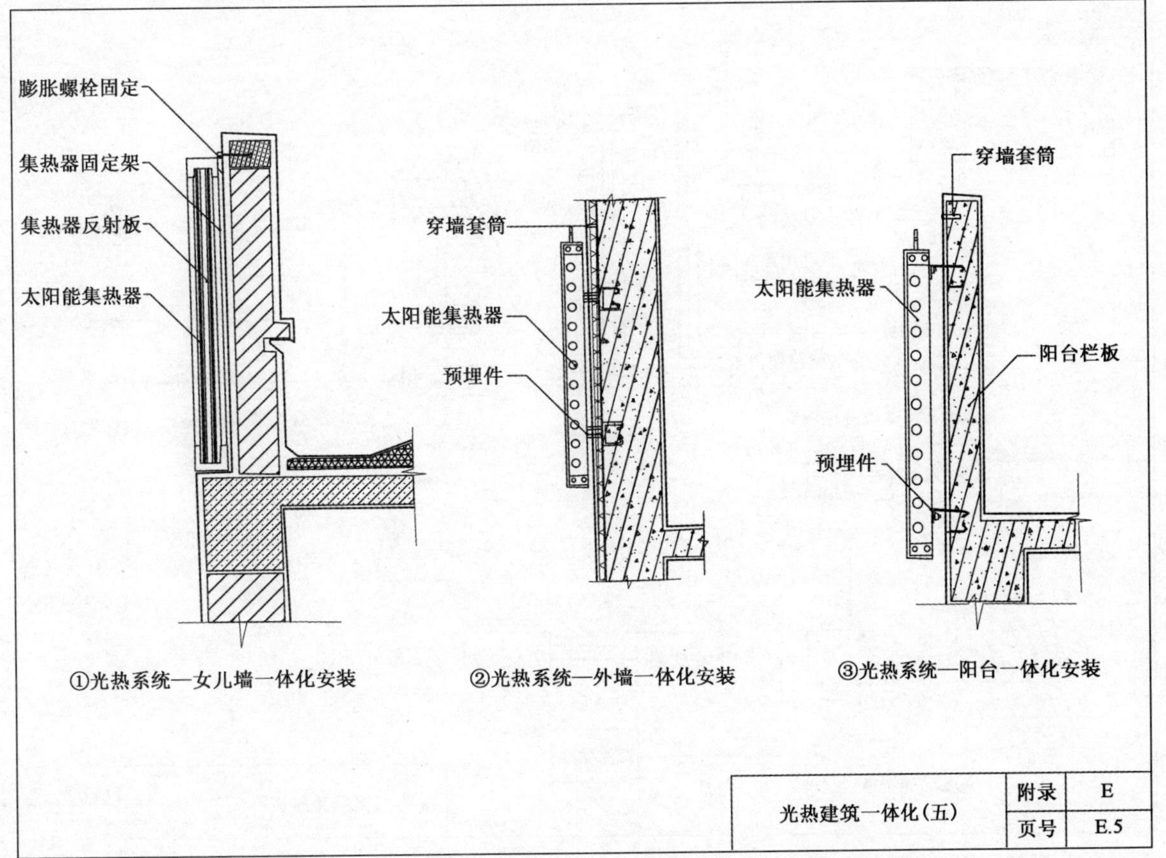

①光热系统—女儿墙一体化安装

②光热系统—外墙一体化安装

③光热系统—阳台一体化安装

光热建筑一体化(五)	附录	E
	页号	E.5

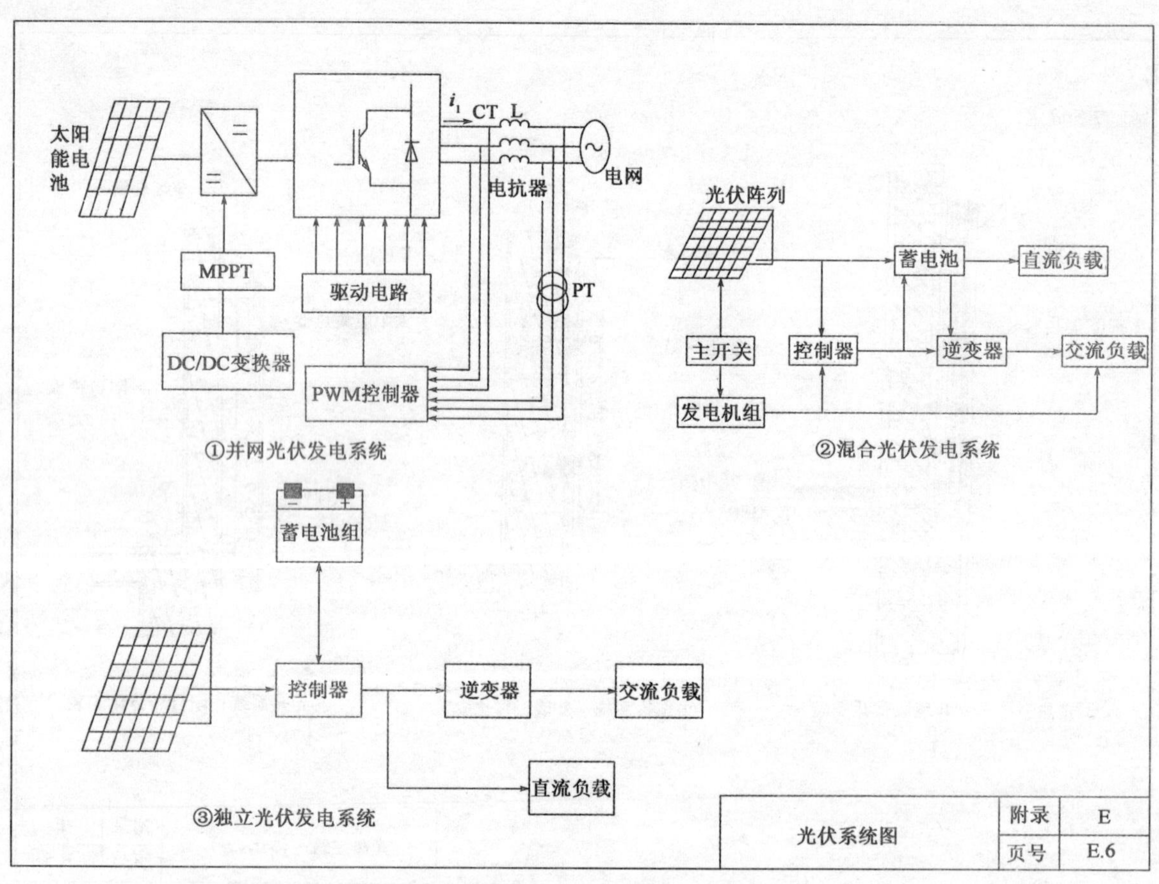
太阳
能电
池
MPPT
DC/DC变换器
驱动电路
PWM控制器
i_1 CT L
电抗器
电网
PT
①并网光伏发电系统
光伏阵列
蓄电池
直流负载
主开关
控制器
逆变器
交流负载
发电机组
②混合光伏发电系统
蓄电池组
控制器
逆变器
交流负载
直流负载
③独立光伏发电系统
光伏系统图
附录
E
页号
E.6

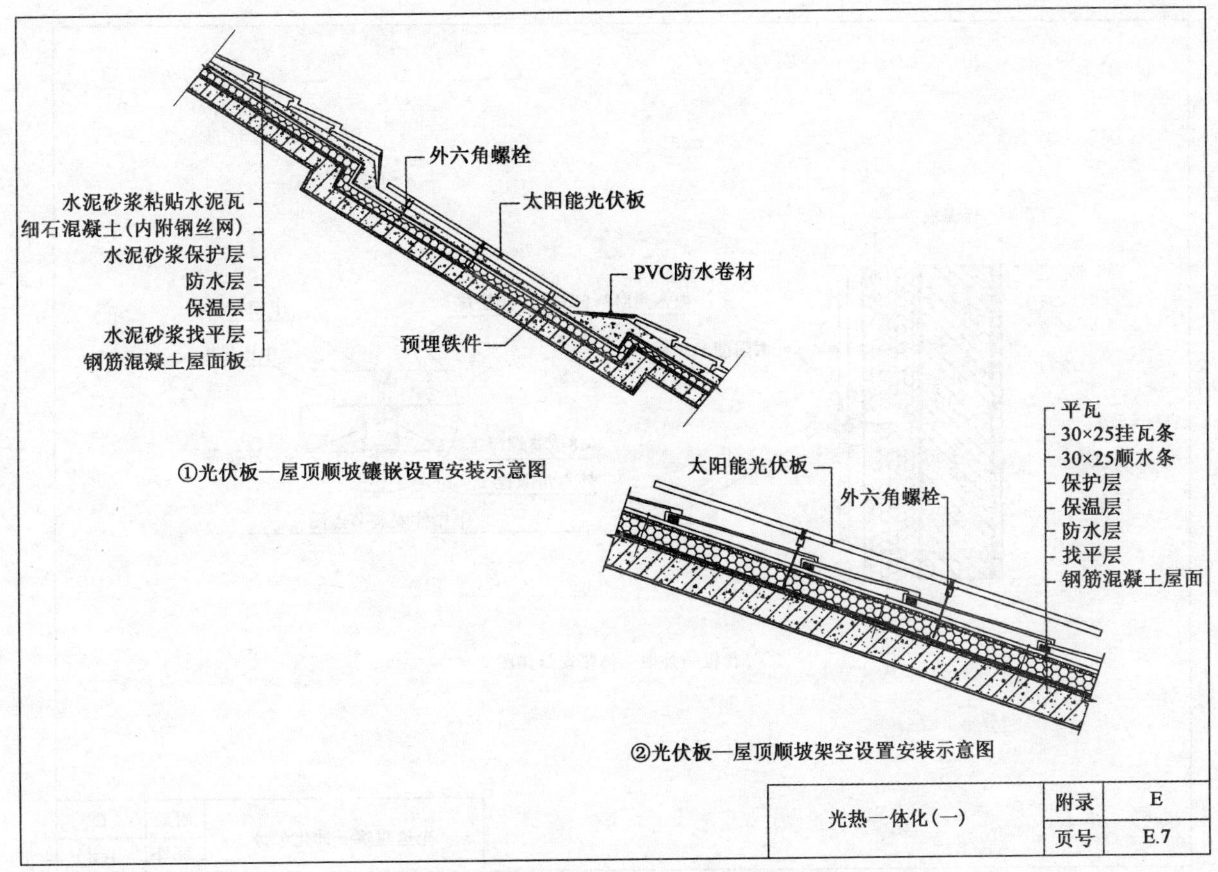

①光伏板—屋顶顺坡镶嵌设置安装示意图

②光伏板—屋顶顺坡架空设置安装示意图

光热一体化(一)	附录	E
	页号	E.7

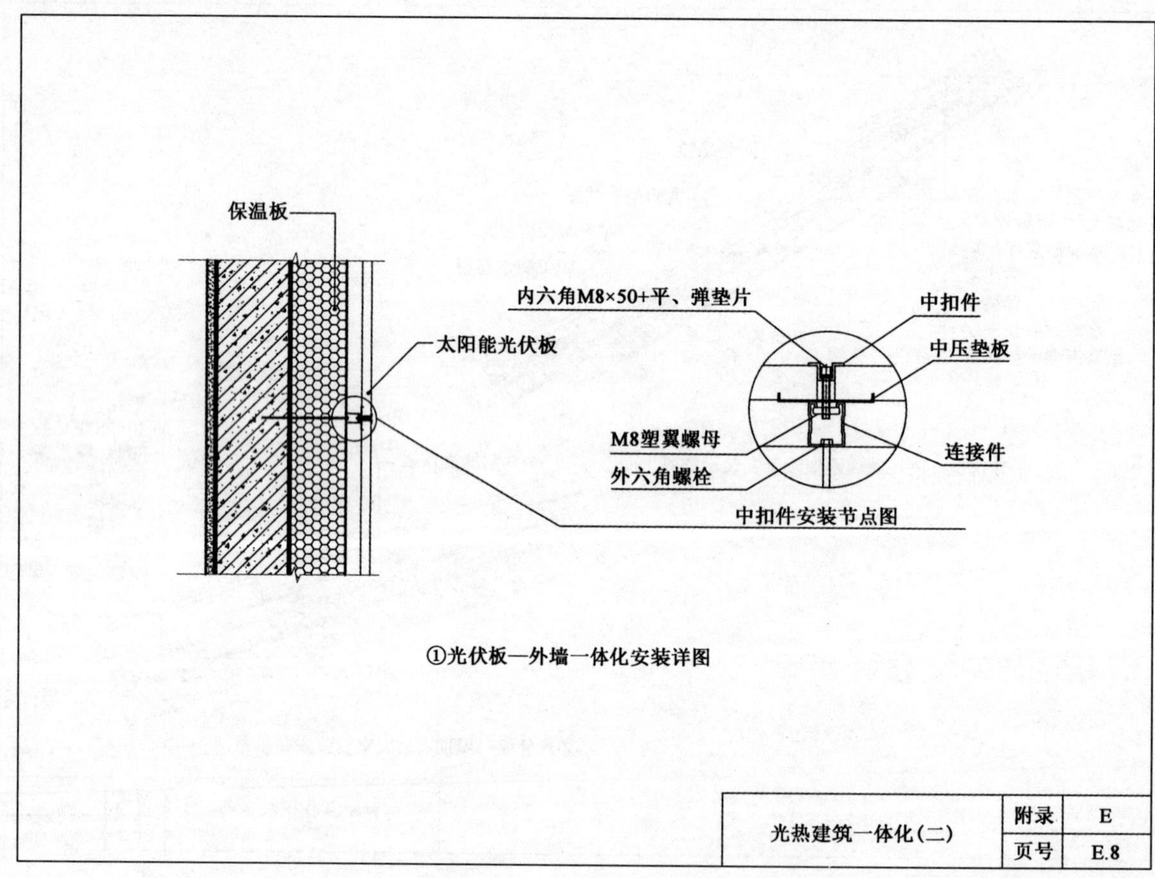

①光伏板—外墙一体化安装详图

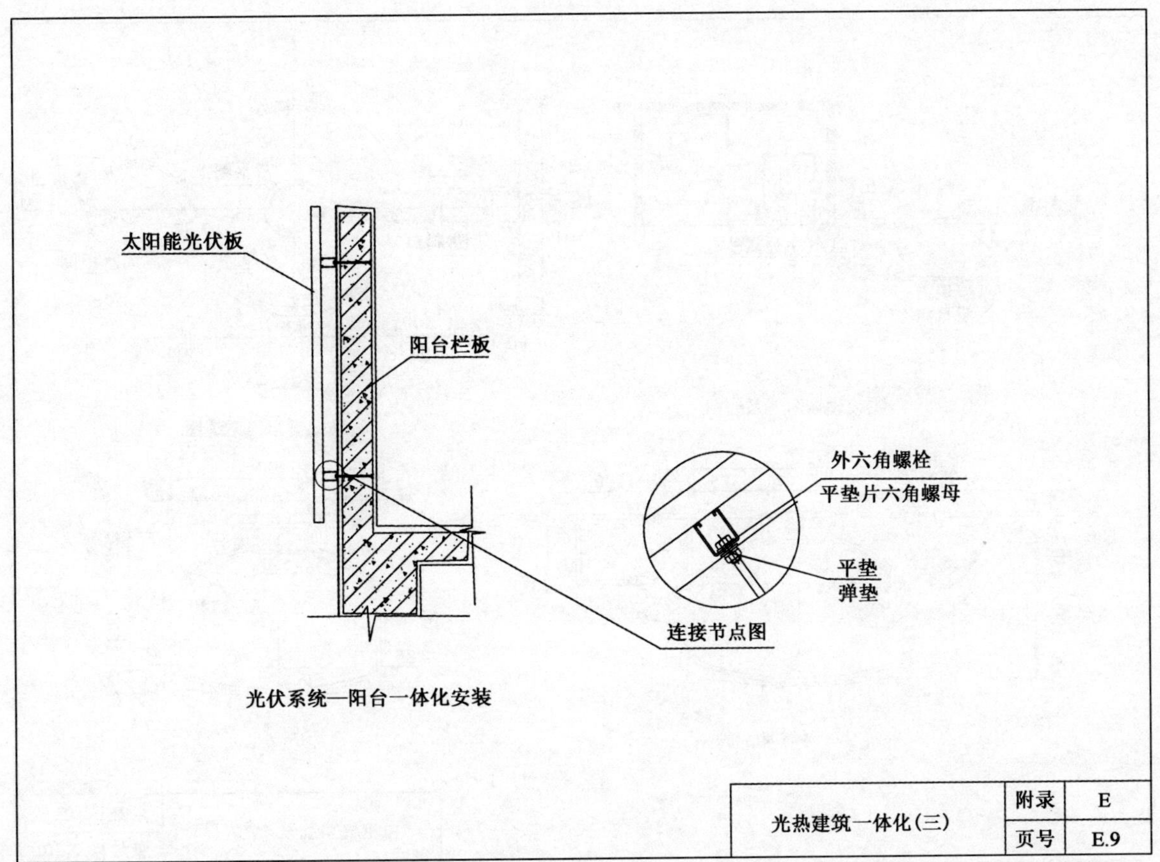

光伏系统—阳台一体化安装

光热建筑一体化(三)	附录	E
	页号	E.9

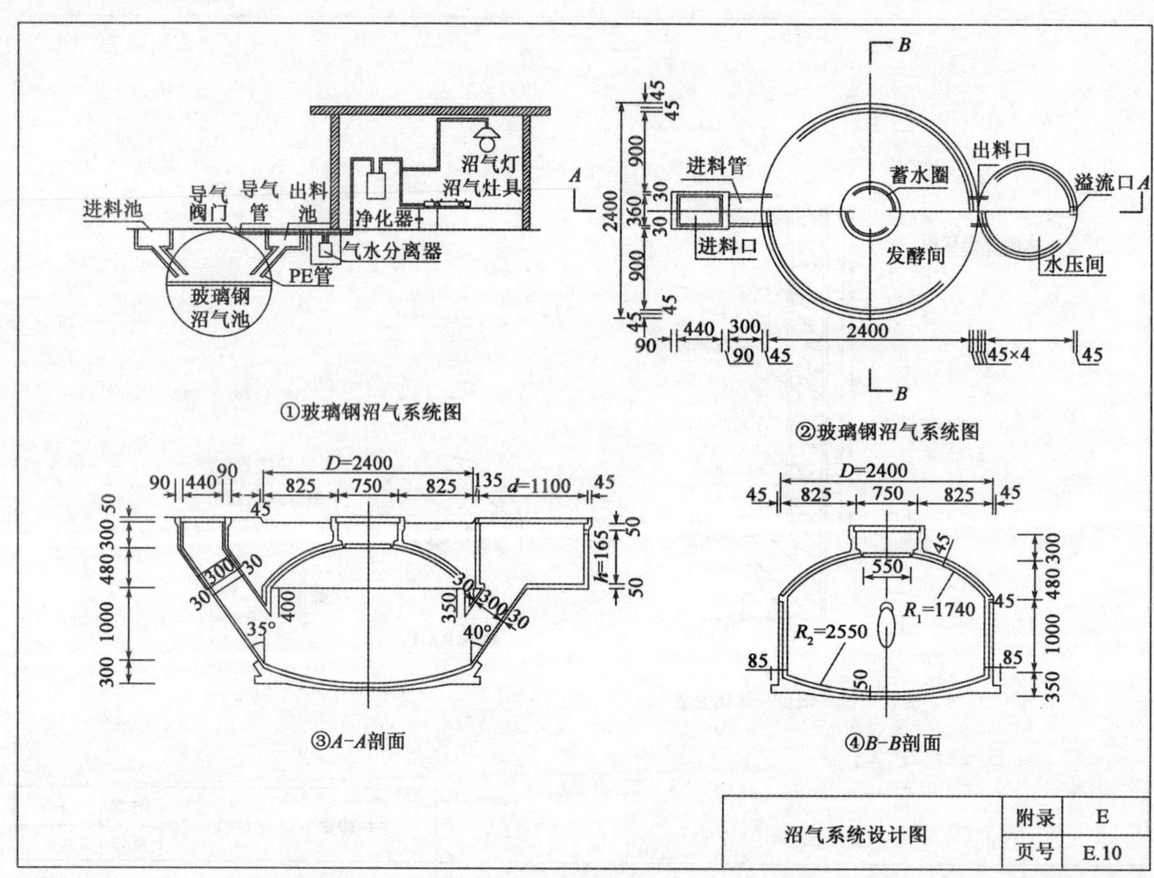

进料池
导气阀门
导气管
出料池
净化器
沼气灯
沼气灶具
气水分离器
PE管
玻璃钢沼气池
①玻璃钢沼气系统图
进料管
进料口
蓄水圈
发酵间
出料口
溢流口
水压间
②玻璃钢沼气系统图
D=2400
d=1100
h=165
35°
40°
③A-A剖面
R1=1740
R2=2550
④B-B剖面
沼气系统设计图
附录
E
页号
E.10

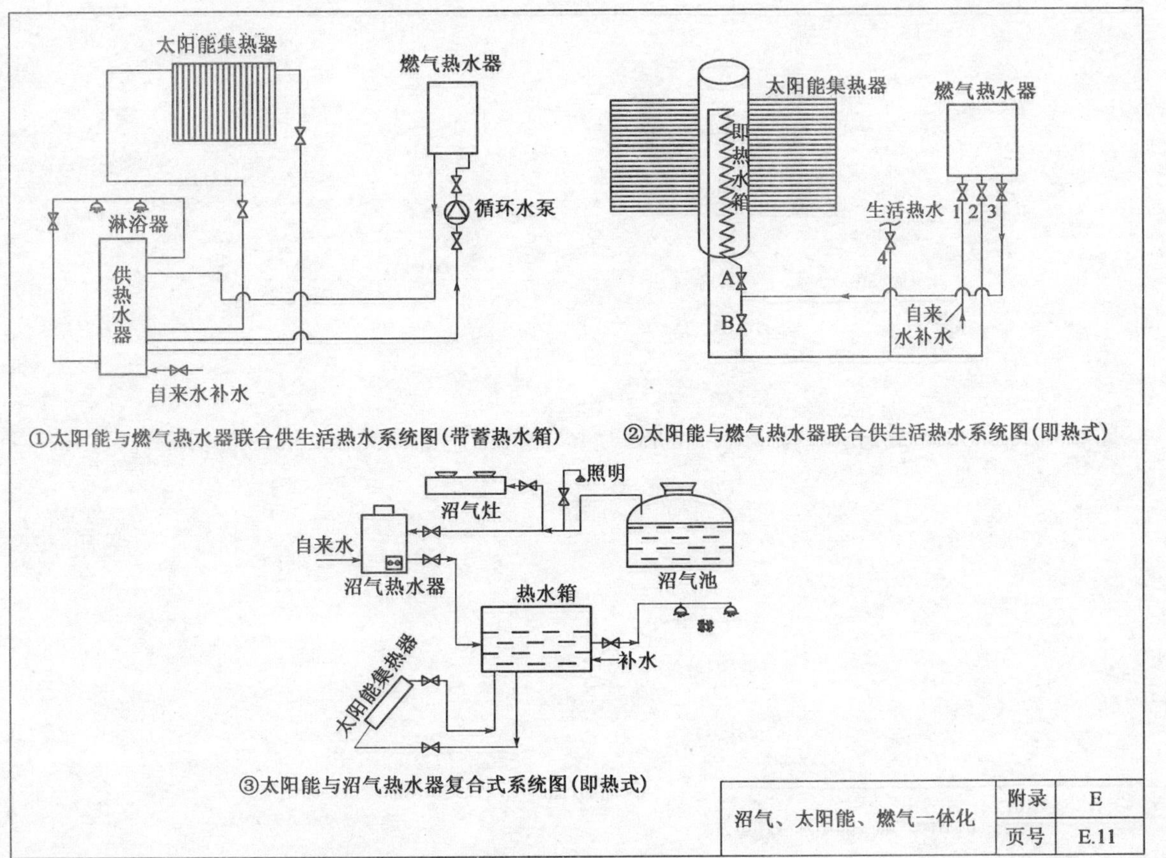

①太阳能与燃气热水器联合供生活热水系统图(带蓄热水箱)

②太阳能与燃气热水器联合供生活热水系统图(即热式)

③太阳能与沼气热水器复合式系统图(即热式)

沼气、太阳能、燃气一体化	附录	E
	页号	E.11